W0074051

BusinessVillage

Petra Barsch

Jobhunting

Geht doch! Karriere mit Knicken

BusinessVillage

Petra Barsch
Jobhunting
Geht doch! Karriere mit Knicken
1. Auflage 2016
© BusinessVillage GmbH, Göttingen

Bestellnummern
ISBN 978-3-86980-351-7 (Druckausgabe)
ISBN 978-3-86980-352-4 (E-Book, PDF)

Direktbezug www.BusinessVillage.de/bl/1005

Bezugs- und Verlagsanschrift
BusinessVillage GmbH
Reinhäuser Landstraße 22
37083 Göttingen
Telefon: +49 (0)5 51 20 99-1 00
Fax: +49 (0)5 51 20 99-1 05
E-Mail: info@businessvillage.de
Web: www.businessvillage.de

Layout und Satz
Sabine Kempke

Illustrationen im Buch
Axel Hörnig; lexaart.de

Druck und Bindung
www.booksfactory.de

Geleitwort

Die Zeiten, in denen Menschen jahrzehntelang, wenn nicht sogar im gleichen Unternehmen, so doch wenigsten im gleichen Beruf tätig waren, sind schon lange passé. Die Dynamik der modernen Arbeitswelt, durch die zunehmende Digitalisierung noch mal beflügelt, hat zu grundlegenden Veränderungen geführt. Vordergründig mag das zwar vielen bewusst sein, doch längst nicht jeder handelt auch entsprechend. Wer seine Karriere vorantreiben will, begreift seinen persönlichen Lebenslauf als beste Referenz. In Anbetracht des dynamischen Arbeitsmarktes, mehrfacher Jobwechsel und individueller Brüche sehen allerdings auch die Lebensläufe heute nicht mehr ganz so makellos aus, wie es früher vielleicht einmal der Fall gewesen war.

Das Gute daran: Das brauchen sie auch nicht. Brüche im Lebenslauf sind kein Makel und können der Karriere sogar Auftrieb verleihen. Im Beruf zählt nicht nur das Wissen, sondern der ganze Mensch. Fachwissen allein ist also keineswegs ein Garant für den Erfolg. Außerdem verfügen viele Menschen über einen ähnlichen fachlichen Hintergrund. Und wo vieles gleich ist, werden die Bewerber austauschbar. Tatsächlich kann gerade das Individuelle, das Besondere – der vermeintliche Makel – das Interesse auf einen Bewerber lenken.

Karriereleitern, die ausschließlich steil nach oben führen, gibt es schon lange nicht mehr. Bilderbuchkarrieren sind mehr Mythos als Realität. Das wissen übrigens auch die Personaler. Das weniger Makellose wird nicht nur akzeptiert, es kann sogar Vorteile bringen – sofern Sie Ihre persönliche Vita offensiv zu nutzen und auch zu vermarkten wissen. Heute geht es nicht mehr darum, den eigenen Lebenslauf zu glätten und ihn an die allgemeine Norm anzupassen. Es geht darum, zu zeigen, was man kann, was man weiß und vor allem: wer man ist. Echte Persönlichkeiten stehen hoch im Kurs und sind dem Bewerber mit einem Musterlebenslauf vielfach im Vorteil.

Zweifellos ist jedoch eine positive innere Einstellung zu sich selbst eine Grundvoraussetzung für eine erfolgreiche Bewerbung. Nur wenn Sie selbst von sich überzeugt sind, können Sie auch andere von sich überzeugen. Das gelingt umso besser, wenn Sie wissen, was Sie wirklich wollen und warum Sie es wollen.

Wenn Sie sich also fragen, was Sie zu bieten haben, denken Sie dabei an Ihre ganze Persönlichkeit und keineswegs nur an Ihre fachlichen Qualifikationen. Fragen Sie sich auch, wofür und für wen diese spezifischen Kompetenzen von Nutzen sind. Und wieso? Ein Mensch, der vielleicht im mittleren Alter bereits sowohl persönliche als auch berufliche Krisen erfolgreich überstanden hat, kann für einen Arbeitgeber aus gutem Grund weitaus interessanter sein als ein anderer mit weniger Lebenserfahrung – auch dann, wenn im Lebenslauf eine große Lücke klafft oder das eine auf den ersten Blick nicht so recht zum anderen passen will. Denn gerade in den ungewöhnlichen Situationen zeigt sich, was Ihre persönliche Stärke ausmacht. Somit sagt die vermeintliche Lücke oft weit mehr über Ihre Persönlichkeit aus, als eine Referenz mehr in der Tasche es jemals könnte.

Tatsächlich haben die meisten Menschen schon weit mehr geleistet, als ihnen selbst bewusst ist. Wir können mehr, als wir auf den ersten Blick glauben. Wichtig ist jedoch, diese ganz individuellen Kompetenzen und das, was die eigene Persönlichkeit ausmacht, zielgerichtet zu nutzen. Nur mit dem richtigen Ziel vor Augen, finden Sie Ihren Platz in der Arbeitswelt. Finden Sie heraus, wo Sie Ihre Stärken optimal einsetzen können und auch wollen. Verschaffen Sie sich Klarheit darüber, was Ihnen persönlich wichtig ist. Die einen wollen die Karriereleiter nach oben klettern, anderen geht es mehr darum, ganz neue Aufgaben wahrzunehmen und sich komplett neu zu orientieren. In allen Fällen brauchen Sie ein ganz klar definiertes Ziel, damit Sie Ihre Aktivitäten hierauf konzentrieren können. Wer das Ziel nicht kennt, kann den Weg nicht finden.

Petra Barsch zeigt in diesem Buch mögliche Zielsetzungen auf. Sie gibt nicht nur Antworten auf wichtige Fragen, die sich alle Stellensuchenden und Veränderungswilligen stellen – die Expertin für zukünftige Arbeitswelten gibt Ihnen vor allem die nötige Orientierung und viele erhellende Einblicke in die Perspektive von Personalentscheidern. Die Autorin kennt aktuelle Trends, die unsere Berufswege schon heute beeinflussen und gibt fundierte Tipps, wie wir unsere Karriere aktiv selbst steuern können. Mit ihrem Buch macht sie all denjenigen Mut, die über keinen makellosen Lebenslauf verfügen und jetzt erst recht die ihnen offenstehenden Chancen gezielt ergreifen wollen.

»Jobhunting« ist ein Buch für Menschen, die ihre berufliche Karriere eigenverantwortlich in die Hand nehmen und dabei das für sie individuell Beste erreichen wollen. Wer (auch im höheren Alter) noch einmal durchstarten oder eine berufliche Veränderung einleiten will, die zu den eigenen Fähigkeiten passt, findet hier das nötige Know-how darüber, worauf es in der Praxis wirklich ankommt. Dabei hilft auch der Blick hinter die Kulissen der Entscheidungsträger, der zeigt, was – aus der Personalerbrille betrachtet – wirklich zählt. Sie erfahren, wie Sie Karriereeinbrüche und Rückschläge letztlich noch zum Vorteil nutzen und wie Sie Ihre ganze Erfahrung und Persönlichkeit mit in die Waagschale werfen können.

Dabei wird auch ein mir persönlich besonders wichtiger Punkt nicht ausgeklammert: Das Buch hilft dabei, das nötige Bewusstsein darüber zu schaffen, was man wirklich kann und wirklich will. Denn auch der beste Beruf nützt auf Dauer wenig, wenn er einfach nicht zu Ihrer individuellen Persönlichkeit passt. Und wie Sie lesen werden, ist es absolut nicht so, dass

Sie nehmen müssten, was Sie als Erstes bekommen können. Im Gegenteil: Der moderne Arbeitsmarkt ist überaus dynamisch und bietet auch Ihnen noch zahlreiche Möglichkeiten, die Sie womöglich noch gar nicht kennen.

Nutzen Sie die vielfältigen Chancen, die jedem – auch Ihnen! – offenstehen.

Ihr

Stéphane Etrillard

Experte für persönliche Souveränität und Unternehmersouveränität
www.etrillard.com

Inhaltsverzeichnis

Geleitwort 5

Über die Autorin 11

Einleitung 13

Teil I: Bunter wird's – Wie Digitalisierung und Co. die Arbeitswelt
verändern 17
  Trend: Globalisierung 20
  Trend: Digitalisierung 23
  Trend: Demografischer Wandel 28
  Trend: Flexibilisierung 30
  Trend: Individualisierung 32
  Trend: Wertewandel 33
  Trend: Respekt und Wertschätzung 36
  Wie es weitergeht 38
  Fazit 39

Teil II: Sind das Patches oder kann das weg? 41
  Karriere neben der Spur 45
  Die Zukunft ist bunt 49
  In jedem siebten Ei – da steckt ein neuer Job 52
  Knicke, die eigentlich keine sind 59
  Create your own Patch 60
  Bevor Sie gehen 65
  Fazit 71

Teil III: Patches und Einkäufer – Wie Personaler ticken 73
  Wie läuft das ab? 76
  Zeigt her eure Knicke 78
  Zeigt her eure Lücken 81
  Und dann zählt auch noch 84
  Fazit 87

Teil IV: Als Patchworker zum Erfolg 89

Ich bin nicht zu alt! 92

Träume, Visionen und Ziele machen mobil 109

Führungs-, Fach- oder Projektkarrieren 118

Patching und Matching 121

Jobsuche ist für Patchworker wie Kaltakquise – nur härter! 146

Das eigene Unternehmen... 167

Die Chance in der Krise – Resilienz im Job 173

Sieben goldene Regeln für Karrieren mit Knicken.......................... 176

Zusammenfassung 181

Danke 183

Literaturverzeichnis 184

Über die Autorin

Sylke Gall

Diplom-Ökonomin Petra Barsch berät seit zehn Jahren Fachkräfte, Projekt-mitarbeiter und Führungskräfte und es ist ihr ein besonderes Anliegen, sie so zu positionieren, dass sie ihre Karriere proaktiv angehen, sich zukunfts-fähig aufstellen und für Unternehmen attraktiv bleiben. Petra Barsch meint, dass Bewerbungswege, wie wir sie aus der Vergangenheit kennen, größtenteils ausgedient haben. Das Prinzip der Selbstverantwortung auf die eigene Karriere anzuwenden, wird vom Young Professional bis zum Ma-nager die Herausforderung und zugleich das Erfordernis der Zukunft sein.

Kontakt:
E-Mail: post@petrabarsch.de
Web: www.petrabarsch.de

Einleitung

Patchwork-Decke und Flickenteppich

Patchwork-Decke und Flickenteppich, diese Bilder sehe ich vor meinem inneren Auge, wenn ich an die Karrieren der Zukunft denke. Vor Kurzem habe ich diese Bilder in einem Vortrag über Karrieren von morgen verwendet. Leider wusste die eine Hälfte der Anwesenden nicht, was eine Patchwork-Decke ist und die andere Hälfte konnte mit dem Wort Flickenteppich nichts anfangen.

Wissen Sie, was eine Patchwork-Decke – auch Quilt genannt – ist? Ursprünglich stammt der Quilt aus China. Kreuzritter brachten ihn nach Europa. Von England aus segelte er dann über den großen Teich in das Land der unbegrenzten Möglichkeiten. Patchwork-Decken, das waren die stoffgewordenen Träume, Wünsche und Erlebnisse der Auswandererinnen. Decken, zusammengenäht aus Fetzen von Stoff, Kleidung und Alltagstextilien. Sie erzählten ihre ganz eigenen Geschichten in aufwendigen Mustern und Stickereien. Diese individuellen Stücke sind wertvoll, teuer und selten.

Und der Flickenteppich? Er kommt aus dem nahe gelegenen Österreich. Nach dem Zweiten Weltkrieg wurde dort die Idee geboren, Stofffetzen zu einem langen Band zu vernähen. Das Band wurde dann mithilfe eines Webstuhls zu einem Teppich verwoben. Dadurch entstand ein buntes Streifenmuster. Die Streifen ändern abrupt die Farbe, je nachdem, woraus das Stoffband gewirkt worden ist. Die Gestaltung ist zufällig, individuelle Geschichten oder gar Wünsche und Träume spielen hier keine Rolle. Die Teppiche sind dafür sehr strapazierfähig, belastbar und günstig.

Und wo ist der Zusammenhang zwischen diesen Bildern und Ihrer Karriere? Nun, unser Berufsleben wird zukünftig aus vielen Karriere-Fetzen bestehen. Fetzen, die scheinbar nicht zusammenpassen, die unterschiedliche

Qualitäten haben und beinahe beliebig zusammengesetzt werden können. Ich bin davon überzeugt, dass derjenige zukünftig Erfolg auf dem Arbeitsmarkt haben wird, der es versteht, aus seinen individuellen Patches, sprich seinen Träumen, Wünschen, Erfahrungen, Fähigkeiten und Fertigkeiten eine Patchwork-Karriere zu gestalten. Worauf meine Überzeugung fußt, erläutere ich später näher. Fest steht, dass die unterschiedlichen Patches in Ihre Karriere eingewoben werden müssen, damit daraus ein nachvollziehbarer, individueller und erfolgreicher Berufsweg wird.

Auch Sie können direkt mit dem Patchen anfangen. Fertigen Sie Ihre Patchwork-Decke aus Ihren Träumen, Ziele und Visionen. Betrachten Sie Ihre Patches genau und schauen Sie, wo Sie sie am besten auf der Decke Ihres Lebens, Ihrer Karriereplanung platzieren können.

Und die Flickenteppiche? Auch Flickenteppiche wird es weiterhin geben. Auch diese Karrieren haben ihre Berechtigung. Bodenständige Karrieren, nicht so sehr handgewirkt, eher von den äußeren Rahmenbedingungen bestimmt. Weniger individuell, aber dafür robust, einfach und beständig.

Sie können wählen. Doch bevor Sie wählen, sollten Sie die aktuellen Trends, die unsere Berufswege schon heute beeinflussen, kennen. Wenn Sie Ihre Karriere aktiv und individuell gestalten wollen, ist es wichtig, diese Trends zu kennen, um sie zu berücksichtigen.

Über diese Trends möchte ich Ihnen im ersten Teil meines Buches einen Überblick geben. Es wird um die Einflüsse unter anderem von Globalisierung und Digitalisierung, Flexibilität und Mobilität auf die moderne Arbeitswelt gehen. Im zweiten Teil zeige ich Ihnen auf, was das für heutige Karrieren bedeutet und welche Brüche (Patches) entstehen können. Im dritten Teil zeige ich Ihnen, wie es hinter den Kulissen der Entscheidungsträger zugeht und wie diese, durch die Personalerbrille von heute betrachtet, aussehen, um Ihnen im vierten Teil Anregungen dafür zu geben, wie Sie Ihre Patches zusammensetzen können, um in Ihre Patchwork-Decke gehüllt, allen Widrigkeiten der Arbeitswelt 4.0 trotzen und sich erfolgreich auf dem Markt platzieren können. Ich möchte Mut machen, die sich ergebenden vielfältigen Möglichkeiten zu nutzen und das Arbeitsleben zu gestalten, das zu Ihnen passt.

Viel Spaß beim Lesen und Patchworken

Peter Bausch

Teil I:
Bunter wird's –
Wie Digitalisierung und Co. die
Arbeitswelt verändern

Über Arbeit und Karrieremodelle in der Zukunft zu reden, ohne sich vorab die Trends anzusehen, die die Arbeitswelt beeinflussen, verändert haben und weiter verändern werden, wäre nicht komplett. Es geschieht schneller und tiefer als wir es uns jetzt schon vorstellen können. Die letzte große, alles verändernde Umwälzung war die industrielle Revolution. Sie wandelte die Arbeits- und Lebensgewohnheiten der Menschen von Grund auf. Heute haben wir es mit mehreren Einflussfaktoren zu tun, die miteinander verwoben sind und gleichzeitig wirken: Globalisierung, Digitalisierung, eine sich wandelnde Bevölkerungsentwicklung, Flexibilisierung gepaart mit Individualisierung der Arbeitswelt.

Doch genau diese Faktoren sind es auch, die enorme Entwicklungsmöglich-keiten, Möglichkeiten des Ausprobierens und der Selbstbestimmung für uns bereithalten. Wir haben nur noch nicht gelernt, sie für uns zu nutzen. Gerade jetzt spalten der Umgang mit den Neuen Medien, mit der ständi-gen Erreichbarkeit und der freien Wählbarkeit der Arbeitsinhalte und -orte die Gesellschaft. Während sich die Generation Y voll auf das Experiment schöne neue Arbeitswelt einlässt, stehen die älteren Generationen dem oft skeptisch bis hilflos gegenüber.

Vielleicht denken Sie jetzt: »Schon wieder diese Megatrends, die haben doch gar nichts mit mir zu tun.« Das stimmt so leider nicht. Wir leben nämlich tatsächlich nicht auf der berühmten einsamen Insel und unsere Namen sind auch nicht Robinson und Freitag. Mit anderen Worten: Wir be-wegen uns in der Welt, deren Märkte von Megatrends beeinflusst werden. Sie wirken sich aus auf Art, Inhalt, Ort und Zeit von Arbeit, auf Karrieren und Berufswege. Viele meiner Klienten waren diesen Auswirkungen be-reits ausgeliefert. Sich ausgeliefert zu fühlen ist nicht nur unangenehm, es lähmt uns auch und kann uns dauerhaft depressiv machen. Anderen gelingt es, die Veränderungsmächte für ihr eigenes Fortkommen zu nutzen.

Wie das gelingen kann, hängt ganz wesentlich davon ab, genau zu wissen und zu verstehen, welche Kräfte auf dem Markt wirksam sind. Von welchen Megatrends sprechen wir hier also, die sich zunehmend tief greifender auf unser aller Leben auswirken?

Eigentlich kann man einen Trend nicht von den anderen trennen, denn die Beeinflussung ist wechselseitig. Doch ich will es auf den nächsten Seiten versuchen, um zu verdeutlichen, wie sie wirken.

Trend: Globalisierung

Der Arbeitsmarkt ist global geworden und nicht mehr national oder regional begrenzt. Das führt zu einem gestiegenen Angebot an Arbeitskräften mit unterschiedlichen Löhnen. Denn die geringeren Lebenshaltungskosten in anderen Regionen der Erde, wie in China oder Indien zum Beispiel, bringen billigere Arbeitskräfte auf den Markt. Das bedeutet für Sie, dass Sie nicht mehr in Konkurrenz zu einem Arbeitnehmer aus unserem Land stehen, sondern zu den Arbeitskräften aus der ganzen Welt.

Vor allem die Kostengründe führen dazu, dass Unternehmen ihre Aktivitäten ganz oder teilweise in Billigländer verlagern. Ganze Industriezweige sind diesen Weg schon gegangen wie zum Beispiel die Textilindustrie, ein Großteil der elektronischen Geräte wird nicht mehr in Deutschland hergestellt und IT-Programmierer sind auch immer stärker in Indien beheimatet.

Die Unternehmen treffen weltweit auf preiswerte Arbeitskräfte. Besonders geringer qualifizierte Menschen, die in Deutschland leben, können ihre Leistungen nicht zu denselben Löhnen anbieten, denn dann könnten sie hier ihren Lebensstandard nicht mehr halten. Doch auch gut qualifizierte Arbeitnehmer bekommen die Konkurrenz zu spüren, denn die Digitalisierung macht es nicht mehr erforderlich, in Deutschland zu leben. Qualifizierte Talente gibt es weltweit und Unternehmen suchen weltweit. Auslagerungen und der damit verbundene Konkurrenzkampf unter den Jobsuchenden haben in den vergangenen Jahren schon starken Druck ausgeübt, der in den kommenden Jahren noch zunehmen wird. Sind Sie bereit, mehr auf sich zu nehmen, um in diesem Konkurrenzkampf zu bestehen?

Ich wünschte ich wäre ...

Maria K., neununddreißig, ist Head of Project eines international agierenden Softwarekonzerns. Ihre Aufgabe ist es, die Konzern-Software bei den Kunden weltweit zu installieren und zum Laufen zu bringen. Dazu steht ihr ein Team zur Seite, das meist in den jeweiligen Auftraggeber-Ländern, manchmal auch in verschiedenen Ländern sitzt. Marias Alltag wird von virtuellen Teammeetings und Kundenkonferenzen bestimmt. Von fast wöchentlichen Reisen nach London, Paris oder Madrid und von einem Zwölf- bis Vierzehnstundentag. Ihre Hobbys hat sie aufgegeben, ihre Familie erlebt sie oft übermüdet und kaputt am Wochenende. Schon ein paar Mal hat sie versucht, ihre Arbeitsbedingungen zu verbessern. Das Entgegenkommen des Arbeitgebers war groß, sie sind an ihr als Expertin sehr interessiert. Reduzierung der Arbeitszeit – kein Problem, weniger Reisen – kein Problem. Alles kein Problem für drei bis vier Monate! Danach wuchs die Arbeitslast wieder massiv an. Alles zurück auf null. Im Coaching äußerte sie dann folgenden verzweifelten Wunsch: Ich möchte mal ernsthaft krank werden, damit ich da raus komme!

Marias Berufsalltag steht stellvertretend für die gewaltigen Veränderungen, die unsere Arbeitswelt beeinflussen. Gibt es nicht schon genug Probleme, Teams vor Ort zu leiten? Und die sprechen in der Regel dieselbe Sprache und haben einen ähnlichen sozialen Hintergrund, leben nach weitestgehend einheitlichen Werten.

Globalisierung ist nichts wirklich Neues. Die Wurzeln des internationalen Handels reichen einige Jahrhunderte, wenn nicht Jahrtausende zurück. Die Geschwindigkeit, in der die Verflechtung von internationaler Wirtschaft, Finanzmärkten, Kultur, Kommunikation, Politik und Umwelt zunehmen, ist explodiert. Auch, dass Arbeitskräfte international gesucht und eingesetzt werden, ist alles andere als neu, doch dass sie nicht mal mehr körperlich anwesend sein müssen, um ihre Arbeit auszuführen, das ist neu.

Virtuelle Teams arbeiten an globalen Fragestellungen zeitlich und räumlich unabhängig voneinander. Ob Sie dabei in einem Büro, in einem Café oder zu Hause sitzen, ist völlig unerheblich. Auch die Zeit spielt keine Rolle mehr.

Arbeitet man zu amerikanischen, chinesischen oder europäischen Tageszeiten? Alles ist möglich und alles wird erwartet. Dabei haben wir selbst Erwartungen an uns: Sei perfekt, mach Karriere, verdiene viel Geld, steige die Karriereleiter rauf. Andere erwarten: Zeigen Sie mir durch Ihren Einsatz, dass Sie den Erfolg wirklich wollen, überzeugen Sie mich davon, dass Sie die Richtige für die Position sind, seien Sie besser, schneller, effizienter als Ihre Konkurrenten.

Ein Karrieregedanke, der nicht neu ist, doch die Anforderungen, die dafür zu leisten sind, sind gestiegen. Karriere wird nicht mehr nur im Büro gemacht, sondern wann immer eine Mail uns erreicht. Das Erfordernis, ungeheuere Datenmengen zu bewegen, zu filtern und flexibel und zeitnah zu reagieren, haben eine neue Qualität angenommen. Und die Digitalisierung trägt wesentlich dazu bei.

Denkanstoß: Die wirklich interessante Frage ist doch: quo vadis labor? – Wie können wir aktiv auf die Entwicklung der Arbeitsmodelle der Zukunft Einfluss nehmen?

Trend: Digitalisierung

Wenn ich eine Schraube locker habe, schmeiß ich meinen Drucker an
Ein wunderbares Beispiel für die Auswirkungen, die die zunehmende Digitalisierung der Welt hat, ist der 3-D-Drucker. Ein befreundeter Industriedesigner ist überzeugt davon, dass in ein paar Jahren in jedem Haushalt ein solcher Drucker steht, und wenn irgendwo eine Schraube fehlt, dann lädt man sich die Software herunter, druckt die Schraube und setzt sie ein. Eine interessante Vorstellung, oder?

Was sind die möglichen Konsequenzen dieser Zukunftstechnologie? Wie wirkt sie sich aus auf Schraubenhersteller und Logistikunternehmer, auf Baumärkte und Fachgeschäfte? Wie auf Druckerhersteller, Druckerfachgeschäfte, Druckerwartungs- und Reparaturservices? Wie auf Software-Entwickler? Zu allen Zeiten gab es Gewinner und Verlierer von Entwicklungen. Was müssen Sie tun, um zu den Gewinnern zu zählen?

Bereits der US-Ökonom Jeremy Rifkin wies Ende des letzten Jahrhunderts darauf hin, dass die Technik in der Lage sein wird, die menschliche Arbeitskraft nach und nach zu ersetzen. Sie schaffe neue Möglichkeiten für die Gestaltung von Inhalten, Prozessen und der Organisation von Arbeit.

Und in einer Anfang 2014 veröffentlichten Studie haben Carl Benedikt Frey und Michael Osborne von der Oxford University die Zukunftsperspektiven von mehr als siebenhundert Berufen daraufhin untersucht, ob sie statt von Menschen auch von Maschinen oder Robotern ausgeführt werden könnten. Sie kamen zu dem Ergebnis, dass mit wenigen Ausnahmen, alle – vom Arzt bis zum Zoologen – zukünftig durch Technik ersetzt werden könnten. Auf dieser Basis errechneten Experten der Ing-Diba Bank, dass 59 Prozent der Arbeitsplätze in Deutschland akut von der Digitalisierung bedroht sind.

Ein eher düsteres Bild zeichneten sie für Büro- und Sekretariatsfachkräfte. Hotelbuchungen, Reiseplanungen und Diktate stellen heute dank der Technik für fast niemanden mehr ein Problem dar. Produktions- und Hilfsarbeiter werden durch Roboter ersetzt und selbstfahrende Autos könnten die Jobs der Lkw- oder Taxifahrer aussterben lassen. Durch den zunehmenden Internethandel, das Onlinebanking und Lernplattformen verlieren die Berufsbilder Verkäufer, Bildungsanbieter oder auch Bankberater mehr und mehr an Bedeutung. Andere gibt es schon fast gar nicht mehr, wie Schriftsetzer, Schuhmacher, Steinmetz oder Buchbinder.

Andererseits schafft aber die Digitalisierung auch völlig neue Berufe wie zum Beispiel den Social Media Manager, Onlineredakteure oder Mobile Developer. Berufe, die noch vor einigen Jahren relativ unbekannt waren. Was genau die Zukunft bringt, ist ungewiss. Dass sich Berufsbilder, Inhalte und die Art, wie wir arbeiten werden, ändert, ist sicher.

Neulich bekam ich ein Angebot zum Erwerb einer virtuellen Assistentin. Die Werbeaussagen waren: Die Assistentin erledigt ihre Aufgaben ortsungebunden, in dem von Ihnen vorgegebenen Zeitraum und nach Ihren Anleitungen. In einem wöchentlichen Bericht erfahren Sie den Fortschritt der Arbeit.

Es wird weiterhin viele Sparten geben, die zwar digitale Tools nutzen. Aber aufgrund der Aufgabenstellung oder der Interaktion mit dem Kunden werden die Arbeitnehmer nicht die Möglichkeit haben, über Arbeitszeit, Arbeitsort oder Arbeitsprozesse selbst zu bestimmen. Und sie werden auch zukünftig nicht durch Roboter ersetzt werden. Das gilt insbesondere für Dienstleistungsbranchen wie die Gastronomie, Friseure und so weiter.

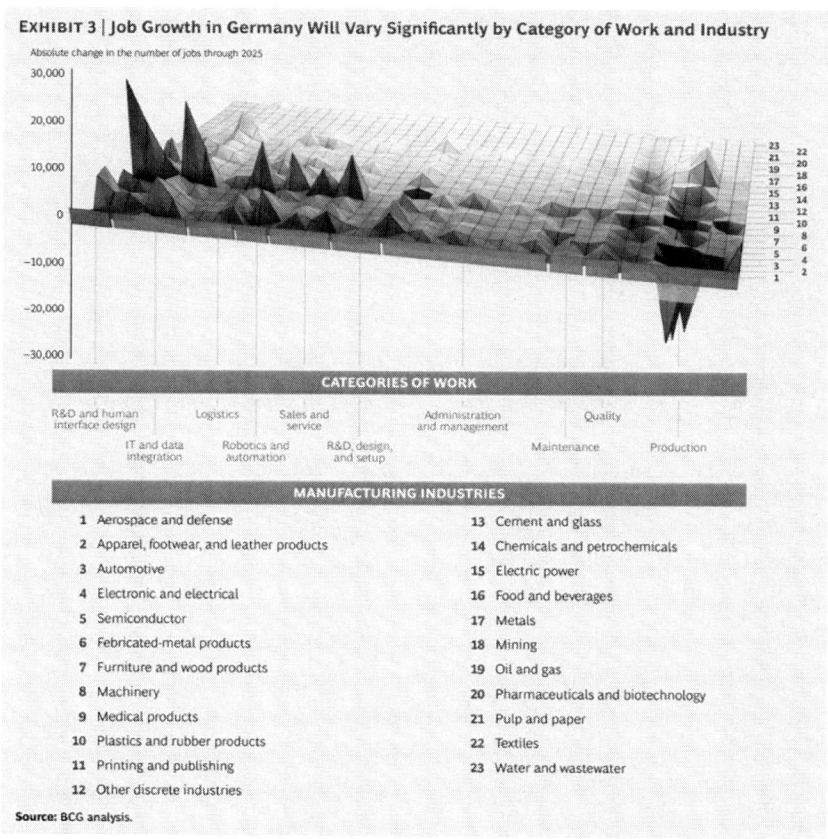

EXHIBIT 3 | Job Growth in Germany Will Vary Significantly by Category of Work and Industry

Absolute change in the number of jobs through 2025

CATEGORIES OF WORK

R&D and human interface design | Logistics | Sales and service | Administration and management | Quality

IT and data integration | Robotics and automation | R&D, design, and setup | Maintenance | Production

MANUFACTURING INDUSTRIES

1 Aerospace and defense
2 Apparel, footwear, and leather products
3 Automotive
4 Electronic and electrical
5 Semiconductor
6 Fabricated-metal products
7 Furniture and wood products
8 Machinery
9 Medical products
10 Plastics and rubber products
11 Printing and publishing
12 Other discrete industries

13 Cement and glass
14 Chemicals and petrochemicals
15 Electric power
16 Food and beverages
17 Metals
18 Mining
19 Oil and gas
20 Pharmaceuticals and biotechnology
21 Pulp and paper
22 Textiles
23 Water and wastewater

Source: BCG analysis.

Quelle: https://www.bcgperspectives.com/content/articles/technology-business-transformation-engineered-products-infrastructure-man-machine-industry-4/?chapter=4#chapter4

Dass auch die Arbeit selbst sich zunehmend verändert, schreibt Lynda Gratton, Professorin der renommierten London Business School in ihrem Buch »Job Future – Future Jobs«: »Als wir begonnen haben, mit dem Handy unseren Beruf mit nach Hause zu nehmen beziehungsweise dort unseren Computer benutzt haben, hat sich die Arbeit grundlegend verändert. Sie hat sich zersplittert, weil Kommunikationstechnologien uns und andere permanent erreichbar machen. Dadurch hat sich die Zeit, die wir einer Aufgabe am Stück widmen können, reduziert. Das tut den Menschen nicht gut. Wir brauchen Zeit, um nachzudenken, um uns zu konzentrieren und um Ideen zu entwickeln.«

Omniphonie
Wann immer ich mich mit Sibille treffe, müssen wir darauf gefasst sein, dass ihr Arbeitgeber anruft und wichtige Absprachen zu treffen hat, egal ob es Sonntag zum Brunch oder abends auf ein Glas Wein ist. Oft genug muss sie auch sofort weg, um schnell etwas zu erledigen. Kennen Sie? Es erinnert Sie an die Geschichte von Andrea, der Assistentin aus »Der Teufel trägt Prada« oder die Geschichte von Lucy in »Ein Chef zum Verlieben«? Selbst wenn sie nur ans Telefon muss, um kurz etwas zu besprechen, zerpflückt die Arbeit ihren Feierabend, ihr Privatleben. Der Höhepunkt dieser Entwicklung war erreicht, als Sibille in der Reha war und der Chef ihr den Laptop und einige wichtige Unterlagen zusenden ließ, da sie ja jetzt Zeit hätte. Das war ein Tick zu viel. Sibille legte die Arbeit beiseite und widmete sich ganz ihrer Genesung. Sie nutzte die Zeit, sich zu überlegen, wie sie in Zukunft arbeiten wollte, wann sie die Reißleine ziehen und Nein sagen würde. Sie dachte sogar soweit, sich einen neuen Arbeitgeber zu suchen, wenn sie ihre Vorstellungen nicht umsetzen könnte.

Darf's ein bisschen mehr sein?

Für viele Menschen ist es inzwischen der Normalzustand, immer und überall erreichbar zu sein, ob es beim Einkaufen ist, beim Bahnfahren oder bei einem Essen mit Freunden oder mit dem Partner. Die Grenzen zwischen Arbeits- und Privatleben verwischen zunehmend. Die mobilen Kommunikationsmittel haben diese Grenzen aufgeweicht. So lesen 42 Prozent der Deutschen berufliche Mails auch nach Feierabend und genauso viele lesen private Mails während der Bürostunden laut einer Umfrage im Auftrag der Gesellschaft für Unterhaltungselektronik (gfu).

Schleichend ist es normal geworden, auch nach Büroschluss erreichbar zu sein. Vertrauensarbeitszeit und Homeoffice tragen das ihre dazu bei. Es erscheint sinnvoll, ein Entgegenkommen für Mitarbeiter, doch führt es dazu, die Selbstausbeutung eher zu steigern. Aus einer 40-Stunden-Woche werden schnell 48 oder 50 Stunden ohne Lohnausgleich. Rechtliche Regelungen gibt es dazu noch nicht, denn die vorhandenen stammen aus der Zeit vor Smartphone und Tablett. Krankschreibungen wegen Überlastung häufen sich und es trifft schon lange nicht mehr nur die Älteren, die der Überlastung durch das hohe Tempo nicht mehr gewachsen sind.

Doch die zunehmende Veränderung des Arbeitsmarktes, das Vordrängen von Digitalisierung und die Flexibilisierung eröffnet viele Möglichkeiten für die selbstbestimmte Gestaltung des eigenen Berufs- und Lebensweges. Es ergeben sich Chancen:

- in der Gestaltung der Arbeit nach Raum und Zeit,
- in der Mitarbeit in Projekten,
- als Smart Worker oder Crowdsourcee,
- als Produzent (zum Beispiel durch den 3-D-Drucker) oder
- als Akteur in globalen Märkten auf der Basis des Internets

Denkanstoß: Wie fit sind Sie im Umgang mit digitalen Medien? Was können Sie tun, um mit der Entwicklung Schritt zu halten?

Trend: Demografischer Wandel

Der demografische Wandel hängt in den meisten Organisationen wie ein Damoklesschwert über der Personalarbeit. Es gibt zu wenig Nachwuchs und noch weniger qualifizierten Nachwuchs, so das Credo. Auf der anderen Seite werden wir immer älter und arbeiten länger. An dieser Entwicklung wird sich nichts ändern. Der War of Talents hat in der Welt Einzug gehalten, die großen Industrienationen konkurrieren um die jungen Talente der ganzen Welt. Davon scheint es noch genug zu geben, denn die Ressourcen im eigenen Land werden an dieser Stelle kaum angepackt, geschweige denn ausgenutzt. Und das, obwohl bekannt ist, dass bis 2025 der Anteil der Zwanzig- bis Fünfundsechzigjährigen um 10 Prozent sinken wird und der Anteil der Arbeitsbevölkerung an der Gesamtbevölkerung von 56 Prozent auf 51 Prozent. Im Jahr 2025 werden vier Millionen Menschen weniger im Berufsleben stehen (Statistisches Bundesamt unter Altersverteilung).

Der Anteil der älteren Menschen, auch derjenigen, die am Erwerbsleben teilnehmen können, steigt. Doch während vor einigen Jahren das 45. Lebensjahr die Grenze hinsichtlich der Arbeitsmarktchancen darstellte, scheint diese jetzt bereits auf Ende 30 gesunken zu sein. Das Alter wird zunehmend negativ besetzt.

So titelte eine große Berliner Zeitung: »Berlin vergreist – jeder Vierte ist über sechzig.« Und dieses Bild sitzt scheinbar fest in den Köpfen der Menschen.

Alter vor Erfahrung?
In einem Wirtschaftsgespräch, an dem ich teilnahm, ging es ebenfalls um diese Frage. Ein Unternehmer der IT-Branche, ein ergrauter älterer Herr, mokierte sich über fehlende Arbeitskräfte im IT-Sektor. Der Markt sei leer gefegt, keine vernünftigen Mitarbeiter mehr zu finden, alles, was sich bewerbe, sei über fünfzig. Und die könne man ja nicht einstellen, weil IT einen klaren Kopf brauche, man ständig an Weiterbildung interessiert sein müsse und das wäre mit über fünfzig ja wohl nicht mehr möglich. Jeder wisse doch, dass die Hirnleistung in dem Alter abnehme. Ein immer lauter werdendes Raunen begleitete seine Ausführungen und eine hitzige Diskussion entstand.

Aber bange machen gilt nicht, denn dass die erwerbstätige Bevölkerung älter wird, ist eine Tatsache. Im Umkehrschluss heißt das, dass Alter in Zukunft kein Faktor mehr sein kann, der über die Einstellung bestimmt. Aktuelles Wissen steht im Vordergrund, wenn es gepaart wird mit Fähigkeiten wie strategischem und multikulturellem Denken und Arbeiten.

Demografischer Wandel heißt auch, dass sich vier und mehr Generationen unter einem Unternehmensdach begegnen und zusammenarbeiten. Generationen- und kulturübergreifende Kommunikation ist ein Faktor, der zum Gelingen beiträgt.

Trend: Flexibilisierung

Flexibilisierung oder »Mein, dein, unser Schreibtisch«
Mario M. ist Key Account Manager bei einem Unternehmen mit weltweit mehr als fünfzigtausend Mitarbeitern, der schon vor einigen Jahren das flexible Arbeiten für sich entdeckt hat. Wenn er morgens zur Arbeit kommt, was nicht jeden Tag sein muss, nimmt er sich sein Köfferchen mit Laptop und Unterlagen und sein Handy, dann setzt er sich einfach an einen beliebigen Schreibtisch und beginnt zu arbeiten. Welche Kollegen er an diesem Tag auf der Etage trifft, das bestimmt der Zufall. Jeder der über achthundert Mitarbeiter der Zentrale beginnt seinen Arbeitstag genau wie Mario. Sind konzeptionelle oder strategische Arbeiten angesagt, arbeitet er im Homeoffice. Hat er einen Auftrag erfolgreich abgewickelt, nimmt er sich drei Tage frei und ist nicht erreichbar.

Mit zunehmender Globalisierung und Digitalisierung werden die existierenden starren Strukturen bezüglich Arbeitszeit und Arbeitsort an vielen Stellen aufgeweicht. Sicher, ich möchte zum Beispiel, dass der Friseur, der mir die Haare schneidet, direkt neben mir steht und mir keine virtuelle Anleitung zum Haareschneiden gibt. Doch meist ist es mir als Kunde nicht wirklich wichtig, ob mein Auftrag an einem Schreibtisch in einer Konzernzentrale bearbeitet wird oder irgendwo an einem ruhigen Plätzchen im Park. Während sich bisher in Deutschland die Arbeitsorganisation meist durch starre Arbeitszeitmodelle, festgelegte Arbeitsorte und hierarchische Unternehmensstrukturen auszeichnete, entstehen jetzt zunehmend auch hier flexible Arbeitsplätze. Beispiele hierfür sind Telearbeit, Co-Working-Arbeitsplätze und Homeoffice unter Nutzung von Videokonferenz und Cloud-Computing. Durch sie wird der feste Arbeitsplatz nur noch zu einer von vielen denkbaren Möglichkeiten. Arbeitszeiten lassen sich ebenfalls fließend gestalten. Besonders in global tätigen Unternehmen ist die Zusammenarbeit über Kontinente hinweg an der Tagesordnung. In Projekten sitzen die Teammitglieder in den USA, Frankreich, China und Deutschland und so fällt ein Teil der Arbeit zwingend außerhalb der klassischen Arbeitszeit an.

Flexibilität gestaltet sich verschieden. Für die einen ist es eher Mobilität, also arbeiten, wo immer es erforderlich ist. Für andere Anpassung, also eher schnell auf veränderte Anforderungen reagieren zu können, sei es auf neue technische Entwicklungen, Veränderung von Märkten oder häufige Projektwechsel. Für manche Menschen wiederum ist der zeitliche Aspekt der Wesentliche, also arbeiten zu können, wann es erforderlich ist und wie es in die derzeitige Lebenssituation passt. Und dann gibt es noch den sozialen Aspekt: Arbeiten, mit wem man möchte, also in welchem Unternehmen, in welcher Kultur und mit welchen Kollegen.

Denkanstoß: Doch ist es nicht auch eine Chance, das eigene Erwerbsleben zu gestalten und Karriere neu zu denken? Was heißt Flexibilität für Sie? Wie flexibel sind Sie, müssen Sie sein und wollen Sie sein?

Trend: Individualisierung

Gemeinsam individuell

Mario Z. kam zu mir in die Beratung mit dem Wunsch, seine Karriere und die Berufswünsche seiner Frau in Einklang zu bringen. Sein Herzenstraum war es, eine Arbeit in Kanada anzunehmen. Seine Frau hatte derweil einen kleinen Laden in der Stadt eröffnet und träumte von einem späteren Leben in Spanien. Der Kinderwunsch sollte nach der Etablierung des Ladens und vor einer möglichen Auswanderung eingeplant werden. Die für alle gute Lösung sah so aus, dass Mario für sechs Monate nach Kanada ging und seine Frau in der Zeit ihr Geschäft auf- und ausbaute. Nach seiner Rückkehr sollte anhand der Erfahrungen die weitere Planung erfolgen.

Alle bisher dargestellten Entwicklungen führen zu einem weiteren beobachtbaren Trend – der Individualisierung von Arbeit und Arbeitsbeziehungen und entsprechend auch der beruflichen Karrierewege. Im Konsum bereits gang und gäbe – individualisierte Produkte, Angebote und Werbung – ist die Individualisierung in der Arbeitswelt noch nicht wirklich angekommen. Unternehmen schrecken noch davor zurück, aus Angst, die Kontrolle zu verlieren und durch Ungleichbehandlung den Unmut zu fördern.

Homeoffice, Sabbatical, flexible Arbeitszeiten prägen den Wunsch nach Individualisierung auch in der Arbeitswelt. Sie zeigen das Streben der Menschen nach Selbstbestimmung, Freiheit und Souveränität.

Sie nimmt in jenem Maße zu, wie traditionelle Organisationsformen keine passenden Lösungen mehr anbieten können. So wie Individualität heute verstanden und gelebt wird, zeigt sie zwei Seiten. Einerseits ermöglicht sie neue Freiheiten in der Gestaltung und Abstimmung von Arbeit und Leben. Die Familienphase beginnt heute etwa fünf Jahre später als noch vor fünfzehn Jahren. Sabbaticals zur persönlichen Weiterentwicklung werden eingefordert. Es entfalten sich neue Lebensphasen, so bleiben junge Menschen zwischen dem 18. und 29. Lebensjahr länger im Elternhaus und leben die finanzielle Unabhängigkeit aus. Die sogenannte Postadoleszenz ist bedingt durch die Verlängerung der Schulzeit und die hohe Quote der Studierenden.

Denkanstoß: Wie stellen Sie sich Ihr Arbeitsleben vor? Was ist für Sie Individualität in der Arbeit? Wie viel Individualität haben, brauchen oder wollen Sie?

Trend: Wertewandel

Für den Wertewandel fallen mir viele Beispiele ein, für die ich stellvertretend zwei darstellen möchte. Sie zeigen, dass Werte kein Phänomen einer bestimmten Schicht sind und dass sich die Werte wandeln.

Vom Wert der Arbeit
Vor einiger Zeit betreute ich Facharbeiter im Rahmen einer Outplacementgesellschaft. Sie waren weit über fünfzig und die Situation für sie auf dem Arbeitsmarkt war schwierig, da die Branche insgesamt in Berlin eher eine rückläufige Entwicklung zu verzeichnen hat. So waren wir froh, dass sich

bereits nach einigen Tagen eine andere Firma meldete, die den Facharbeitern ein Arbeitsangebot machte. Doch zwei Tage später standen alle der Betroffenen wieder in meinem Büro: »*Da gehen wir nicht mehr hin. Die Qualität der Arbeit können wir nicht mit den Ansprüchen an unsere Arbeit vereinbaren. Zur Messung von millimetergenauen Bohrungen sollen wir das Augenmaß einsetzen. Bei parallel anzubringenden Teilen sollen wir den Abstand schätzen. So nicht.*«

Die Reaktion hat mich zugegebenermaßen erstaunt, denn es bedeutete für die meisten von ihnen, sich weiterhin auf eine ungewisse Zukunft einzulassen.

Andere Zeit, andere Situation: »Da kann ich nicht mehr arbeiten, die interessieren sich ja nicht für mich.« Hans ärgerte sich maßlos über seinen neuen Arbeitgeber. Nach drei Bewerbungsgesprächen, in denen alles besprochen worden war. Wir sind eine große Familie, hatte es geheißen, wir duzen uns alle, die Bereitschaftsdienste werden auf alle gleichmäßig verteilt, es wurde gefragt, welche Aufgaben seinen Fähigkeiten am meisten entsprechen würden und ein entsprechender Einsatz versprochen. Doch gekommen war alles anders, außer dem Duzen.

Werte und Haltungen prägen seit jeher unser Leben. Was also ist neu? Was ist der Wertewandel? Im ersten Beispiel treten die sogenannten Pflicht- und Akzeptanzwerte (Inlgehart 1989) hervor. Dazu gehören neben Pflichtbewusstsein auch Fleiß, Ordnung, Disziplin, Leistung und Pünktlichkeit. Sie verloren im Lauf der Zeit an Bedeutung, wogegen sich die »Selbstentfaltungs- und Autonomiewerte« einer wachsenden Bedeutung erfreuen. Selbstverwirklichung, Spaß, Mitsprache, Individualität und soziale Kompetenz sind die Werte, die die gesellschaftliche und vor allem die berufliche Welt erobern.

Lutz von Rosenstiel beschreibt in seinem Werk »Wandel in der Einstellung zur Arbeit – Haben sich die Menschen oder hat sich die Arbeit verändert« (von Rosenstiel 1993: 17–27) zwei auftretende Tendenzen. Erstens die zunehmende Distanzierung von der Arbeit als hauptsächliche Quelle für die Identifikation und zweitens der relative Bedeutungsverlust von klassischen Karrieremodellen und Gratifikationen. Das beinhaltet jedoch nicht die Abwendung von Leistungsbereitschaft, sondern die Aufforderung zur Beteiligung an Entwicklung, Entscheidung zur Mitbestimmung. Immer weniger Menschen wollen einfach nur abarbeiten, sich fremdem Diktat unterwerfen, keine oder wenig Verantwortung für ihr Tun tragen und nicht mitentscheiden können. Der Sinn ihrer Arbeit ist wichtiger geworden, sie wollen Arbeit entsprechend ihrer Fähigkeiten gestalten. Es geht nicht um Rückzug in die Privatsphäre, wie Individualisierung vielleicht vermuten lässt. Es geht um Zusammenarbeit interdisziplinär, temporär und kreativ.

Vor allem junge Unternehmen arbeiten immer öfter auf der Basis der neuen Werte. In ihrem Buch »Thank God it's Monday!« schreiben dreißig junge Akademiker die Dark Horse Innovation über die Gründung und Arbeit in ihrer Firma, in der sie sich genau von diesen Werten leiten lassen. Ihr neuer Arbeitsalltag, auch wenn man ihn gar nicht so nennen möchte, macht Lust auf Arbeit, macht Lust darauf, Teil dieser Gemeinschaft zu sein. So haben sie »Ideen-Sprints statt Meeting-Marathons, gemeinsame Entscheidungen ohne Chef und einen Preis für den besten Fehler«. Sie setzen auf »kooperative Zusammenarbeit, individuelle Flexibilität und radikale Selbstentfaltung.« Dass das nicht nur in Start-ups oder Agenturen möglich ist, zeigen Beispiele für unterschiedliche Ansätze in dem Buch und Film »Musterbrecher« von Dr. Stefan Kaduk und Dr. Dirk Osmetz.

Wenn wir einen Job in Einklang mit unseren Werten finden wollen, muss uns klar sein, dass Werte unterschiedlich definiert werden. In meinen Trainings gibt es immer eine Übung zum Thema Werte. Ich gebe Teilnehmergruppen jeweils die gleichen Werte zur Definition, denn ein gleiches Verständnis ist Voraussetzung, um Werte bei einem Bewerber oder Kollegen zu erkennen. Das Ende der Geschichte ist jedes Mal, dass die Gruppen nach langen Diskussionen Wertedefinitionen abliefern, allerdings jede Gruppe eine andere.

Denkanstoß: Was sind Ihre Werte? Wie wichtig sind sie Ihnen? Können Sie sie an Ihrem jetzigen Arbeitsplatz leben?

Trend: Respekt und Wertschätzung

Zum Schluss möchte ich einen Trend aufgreifen, der unserer Gesellschaft, jedem Einzelnen und der Arbeitswelt, zu wünschen wäre. Den Trend zu mehr Wertschätzung, Respekt und Vertrauen. Die Komplexität der Arbeit, Globalisierung, Digitalisierung und Flexibilisierung sind von dem Einzelnen kaum mehr beherrschbar. Die Folge ist, dass wir immer öfter in Teams zusammenarbeiten. In Teams aus unterschiedlichen Kulturkreisen, heißt, sich immer wieder auf neue Menschen, neue Kulturen – auch Unternehmenskulturen einzustellen.

Denkanstoß: Sie sitzen im Meeting und versuchen seit geraumer Zeit Ihre Meinung zu sagen, doch die Kollegen fahren Ihnen immer wieder über den Mund und unterbrechen Sie. Wie reagieren Sie?

Denkanstoß: Sie gehen zu einem Bewerbungsgespräch und die Firma präsentiert sich familiär, wertschätzend und offen. Auf dem Weg zum Personalbüro hören Sie, wie ein Mitarbeiter angezählt wird, weil er einige Tage krank war. Was denken Sie?

Denkanstoß: Ein Auftrag muss dringend erledigt werden, Sie legen sich kräftig ins Zeug, schaffen die Aufgaben termingerecht und – keine Reaktion, kein Danke, kein anerkennendes Nicken oder Lächeln. Was tun Sie?

Denkanstoß: Beim Bewerbungsgespräch sitzt Ihnen der Entscheider gegenüber und seine erste Frage lautet: Wer waren Sie noch mal? Stressinterview oder Ignoranz? Wie fühlen Sie sich?

Wie es weitergeht ...

Wie genau sich diese Trends weiterentwickeln werden, mit welcher Schnelligkeit und Vehemenz sie Einfluss auf unser Leben nehmen, kann niemand sagen. Nur dass sie sich auf unseren Berufsalltag, unsere Erwerbsbiografien noch stärker auswirken werden und jeder Einzelne seine Entscheidung treffen muss: Wie will ich morgen leben und arbeiten?

Alte Karrierewege und Berufspfade dienen aus. Und auch die Menschen jenseits der Generation Y bekommen diese Auswirkungen zu spüren. Die Flexibilisierung der Arbeitswelt entsteht durch Umstrukturierungen, Fusionen, Outsourcing und Übernahmen. Für die Erwerbstätigen ergibt sich daraus: Selbstverantwortung und Autonomie werden wichtiger denn je.

Haben Sie sich schon einmal gefragt ...

Wo wollen Sie zukünftig arbeiten? Welche Umgebung ist förderlich für Ihre Kreativität und Aktivität?

Ist ein Großraumbüro etwas für Sie? Arbeiten Sie lieber im Homeoffice? Sind Sie der Typ für Bürogemeinschaften/Co-Working-Arbeitsplätze?

Oder wann wollen Sie arbeiten? Welche Zeiten lassen sich mit Ihrer Familienplanung vereinbaren? Sind Schichtarbeit und Wochenenddienste für Sie mögliche Modelle? Trennen Sie Privat- und Berufsleben ganz strickt?

Welches Umfeld brauchen Sie? In welcher Unternehmens- und Führungskultur wollen Sie arbeiten? Inwieweit wollen Sie Ihre Arbeit mitbestimmen?

Sehen Sie Ihre Arbeit als Job zum Geld verdienen oder wollen Sie sich selbst verwirklichen?

Fazit

Wir alle spüren, wie sich die Weltwirtschaft ändert: Globalisierung, Digitalisierung, demografischer Wandel und Flexibilisierung sind angesagt. Unternehmen verlagern Aufgaben und Dienstleistungen zunehmend. Wir müssen flexibler, kreativer und problemlösungsorientierter arbeiten. Diese Anpassung wird jedoch erschwert durch ein starres Bildungssystem, durch starre Kriterien in der Personalauswahl, die Eignungen und Neigungen nur in geringem Maße als Kriterium einbezieht. Das heißt aber auch, dass diejenigen, die mehr für sich tun möchten, Wege gehen werden, die von den üblichen Pfaden abweichen.

Teil II:
Sind das Patches oder kann das weg?

Er war früher beim Zirkus.

Patchwork-Karriere ist auf dem Arbeitsmarkt noch ein relativ unbekannter Begriff, mit dem noch nicht jeder etwas anfangen kann. Doch das wird sich ändern, denn laut zahlreicher Experten ist die Patchwork-Karriere das Zukunftsmodell für Arbeitnehmer. Aber was versteckt sich eigentlich dahinter und wie können Sie das Modell optimal für Ihren Karriereaufschwung nutzen? Ich verrate es Ihnen ...

Neue Anforderungen, sich verändernde Werte prägen unseren Arbeitsalltag. Der strukturelle Wandel wirkt sich auch auf unsere Karrierewege aus. Die Verweildauer in Unternehmen wird kürzer und die Arbeitszeiten flexibler. Befristete Arbeitsverträge, Arbeitszeitkonten, Homeoffice und Jobsharing sind nur einige Modelle der neuen Arbeitswelt. Sie führen dazu, dass traditionelle langfristige Vollzeitjobs abgeschafft werden. Wer sich nicht durch ständige Weiterbildung und berufliche Neuorientierungen weiterentwickelt, wird zukünftig auf der Strecke bleiben.

Laut einer StepStone Umfrage wechseln deutsche Arbeitnehmer im Durchschnitt alle vier Jahre den Arbeitgeber. Das kann allerdings von Berufsgruppe zu Berufsgruppe sehr unterschiedlich sein. Wo Fachkräfte im Einkauf oder Verkauf sogar alle dreieinhalb Jahre den Job wechseln, liegt der Durchschnitt bei Naturwissenschaftlern bei fünf Jahren.

Karriere – früher und heute

Marta war 14, als sie ihre Lehre in einem Ingenieurbüro begann. Ihr Herz zog sie in die Textilherstellung, aber das war ein Fabrikberuf und der war für Mädchen nicht schicklich. Nach ihrer Heirat zog sie in eine größere Stadt und wechselte den Arbeitgeber. Das war der einzige Berufswechsel, den sie jemals vollzogen hat. Marta studierte nach ein paar Jahren nebenberuflich Betriebswirtschaft und stieg in ihrer Firma zur Prokuristin auf. Sie arbeitete vierzig Jahre im selben Unternehmen.

Ganz anders ihr Sohn ... Markus machte zunächst eine Ausbildung in einem medizinischen Beruf (1. Patch). Das war ihm jedoch nicht genug. Er legte sein Abitur an der Abendschule ab (2. Patch) und studierte im Anschluss Geschichte und Wirtschaft (3. Patch). Einige Zeit nach seinem Abschluss fiel die Mauer und Markus stand zum ersten Mal auf der Straße. Ihm bot sich die Gelegenheit, im Management eines Filialunternehmens zu arbeiten. Dort schaffte er es bis an die Spitze, er wurde Filialleiter (4. Patch). Doch auch das reichte ihm auf Dauer nicht. Er besann sich auf seine Grundausbildung und wurde medizinischer Berater für ein Pharmaunternehmen (5. Patch). Der nächste Wechsel stand an, als seine Partnerin in eine andere Stadt ver-

setzt wurde. Hier konnte er an den alten Beruf nicht anknüpfen und nahm sich zum ersten Mal eine Auszeit (6. Patch), um über seinen weiteren Weg nachzudenken.

Markus kam zu dem Schluss, dass eine Aufgabe im Personalwesen zu ihm und seinem bunten Lebenslauf passen würde. Nach einer Zusatzqualifikation zum Personalreferenten (7. Patch) erhielt er schnell eine Stelle als Referent für Personalentwicklung und -beschaffung (8. Patch). Dort kam das böse Erwachen. Personalarbeit hatte leider nichts mit Menschen zu tun. Vielmehr arbeitete er am Computer und verwaltete dort »Human Resources«. Viele Stunden Planung, Controlling und Seminarorganisation und wenig Zeit für Gespräche oder Entwicklungsarbeit. Er konnte nicht wirklich etwas bewegen, nur die kurzen Phasen der Personalauswahl ließen ihn einige Jahre in seinem Job ausharren. Der Preis dafür war hoch. Er verlor seinen Spaß an der Arbeit, wurde öfter krank, machte Fehler.

Wieder traf er eine Entscheidung. Er verließ das Unternehmen und wurde Recruiter (9. Patch). Sein Erfolg, seine Gesundheit und sein strahlendes Gesicht transportieren eine Botschaft: Alles richtig gemacht! Wie Markus vorgegangen ist, erfahren Sie im letzten Teil des Buches.

Martas Weg ist der, der bisher als der klassische Karriereweg angesehen wurde. Zielstrebig und verbunden mit dem Aufstieg im Unternehmen. Ein Jobwechsel kam nur dann in Frage, wenn er den Aufstieg garantierte, mehr Ansehen, mehr Geld, einen Titel oder anderen Statussymbolen. Diesen Karriereweg gibt es auch heute noch und das ist auch in Ordnung, denn jeder sollte seine Karrierevorstellungen für sich definieren und anstreben.

Karriere neben der Spur

Wie kommt es zu Brüchen im Lebenslauf? Ein Grund dafür sind die aktuellen Megatrends. In ihrem Schatten verändern sich Arbeitsverhältnisse und zwar inhaltlich, räumlich und zeitlich. Es werden vermehrt Zeit- und Projektarbeitsverträge geschlossen, es kommt zu erzwungenen Wechseln, zu Auszeiten und zu Kombinationen mehrerer Arbeitsverhältnisse gleichzeitig.

Hinzu kommen individuelle Auszeiten wegen Auftragsmangel, Arbeitslosigkeit, Elternzeit, Pflegezeit und Ähnliches mehr. Die Gründe für Brüche sind ebenso vielfältig, wie die Wege, mit ihnen kreativ umzugehen. Schon wegen der kurz aufgezeigten Megatrends werden bunte Erwerbsbiografien zukünftig der Normalfall sein.

Viele, viele bunte Patches

Berufliche Schwierigkeiten kennt jeder. Es gibt immer wieder Zeiten, in denen man sich durchbeißen muss. Was aber können wir tun, wenn wir uns in einer beruflichen Sackgasse wiederfinden? Die Antwort fällt natürlich ganz unterschiedlich aus – ja nach Mentalität. Wage ich Brüche in meinem Lebenslauf und gehe oder lasse ich mich lieber brechen und bleibe?

Ich werde gegangen

Kaum eine Karriere verläuft heute noch gradlinig und immer steil nach oben. Oft sorgt unser Arbeitgeber für unseren ersten Karrierebruch zum Beispiel durch Freisetzung, Kündigung oder Umsetzung. Diese Aktionen sind meist die Folge von Fusionen, Schließungen oder Umstrukturierungen.

Manchmal werden auch einzelne Branchen von Entlassungswellen überrollt – Stichwort Bankenkrise. So eine Welle kann dann jeden von uns treffen, egal, ob wir zu den Leistungsschwachen oder den Leistungsträgern gehören. Es ist nur natürlich, dass ein solcher Bruch eher nicht zu einem unserer Lieblingspatches werden wird. Ihrer Patchworkkarriere fügt er aber in jedem Fall ein interessantes Detail hinzu – mehr dazu später.

Ich gehe selbst
Alternativ brechen Sie Ihre stringente Karriere. Vielleicht haben Sie genug von agilen Teams, Lean Management und so weiter. Vielleicht wollen Sie wie Markus in einer Position arbeiten,

- die Ihnen voll entspricht (mit all Ihren Patches).
- die Sie als Sinn machend erleben (und nur Sie allein zählen).
- an der Sie mit Ihren Fähigkeiten und Fertigkeiten glänzen können.

Vielleicht haben Sie genug von billigen Versprechungen wie:
- »Die flexiblen Arbeitszeiten werden ganz bald eingeführt.« (Doch es gibt kein konkretes Datum.)
- »Demnächst können Sie auch von Zuhause aus arbeiten.« (Ich muss nur klären, wie ich sie da kontrollieren kann.)
- »Natürlich wird der neue Mitarbeiter zu Ihrer Entlastung kurzfristig eingestellt.« (Nur leider war unter den einhundertfünfzig Bewerbern nicht der/die Richtige dabei.)

Vielleicht hat es auch andere Gründe. Die Liste kann beliebig fortgesetzt werden. Sicher ist in jedem Fall:

Karrierebrüche sind nicht die Folge einer schlechten Leistung und gute Leistung schützt nicht vor einem Karrierebruch.

Personalchef ante portas

Bunte Lebensläufe sind aber nicht jedermanns Sache. Momentan werden insbesondere BWL-Studenten immer noch auf einen makellos stringenten Lebenslauf gedrillt und gerade Personalentscheider mögen diese besonders gern. Arbeitgeber tun sich schwer mit Buntheit. Sie wissen sie noch nicht zu schätzen. Für sie sind Brüche dubios und sie übersehen das damit verbundene Potenzial. Ein Bruch im Lebenslauf wird meist als Scheitern bewertet und nicht als Mut zur Authentizität oder als Zeichen persönlicher Weiterentwicklung. Umsteigern und Quereinsteigern wird das Leben nach wie vor schwer gemacht. Ihnen gehört zwar die Zukunft (siehe aktuelle Trendforschung), doch wir sind noch nicht ganz da.

Wie Sie das Beste daraus machen, dass Ihr Lebenslauf jetzt schon bunt ist, wie Sie Entscheider mit Ihrer Biografie versöhnen können, und die Karriere machen, die zu Ihnen passt, darum geht es im letzten Teil.

Das Marta-Modell

Wir beginnen mit einem kurzen Blick in die Vergangenheit:

Ähnlich wie Marta hatten meine Eltern, als sie in Rente gingen, mehr als fünfundvierzig Arbeitsjahre beim selben Arbeitgeber hinter sich. Das war normal – mit vierzehn begann die Ausbildung, und dann wurde ununterbrochen bis fünfundsechzig gearbeitet.

Ich habe das schon nicht mehr geschafft – das ununterbrochene Arbeiten, noch dazu bei ein- und demselben Arbeitgeber.

Manchmal treffe ich auch heute noch auf Menschen wie meine Eltern, allerdings nur noch sehr selten. Die Zeiten, als auf die Frage: »Was machst du?«, stolz (!) geantwortet wurde: »Ich bin Opelianer. Ich bin Siemensianer!«, neigen sich definitiv dem Ende zu.

Taxifahren oder der Blick in die Zukunft

Wer öfter Taxi fährt, kann es erleben. Man trifft auf die verschiedensten Berufe und unterschiedlichsten Nationalitäten. Eine Taxifahrt ist mir besonders in Erinnerung geblieben. Ich fuhr zu einer Trainerweiterbildung (ich war die Trainerin) und kam mit dem Taxifahrer ins Gespräch. Ich erzählte ihm von der Weiterbildung und auch, dass ich manchmal an Atemnot litt, während der ersten Sätze. Er lachte und meinte, das ginge vielen Rednern so. Er habe das auch erlebt. Es sei eine Frage der falschen Atmung. Er wisse das genau, denn er sei im Zweitberuf Opernsänger. Diesen großen Traum habe er sich mit Anfang vierzig erfüllt. Er hätte es sogar bis auf die Bretter der Scala und der Metropolitan Opera geschafft! Jetzt war er Rentner und fuhr nur noch zum Spaß.

Wir begannen im Auto mit einigen Atemübungen: Brust- und Bauchatmung, die Lippenbremse und seitliche Dehnübungen. Nach der Ankunft atmeten wir noch eine Weile an der frischen Luft weiter.

Seitdem komme ich oft mit Taxifahrern ins Gespräch und ich bin schon mit Philosophen, Psychologen, Schneidern, Krankenpflegern sogar einmal mit einem persischen Hochzeitsplaner gefahren. Nur mit gelernten Taxifahrern, die es gerüchteweise auch geben soll (wahrscheinlich in London), bin ich noch nicht gefahren.

Mit Freunden entwickelten wir daraus eine, etwas biergeschwängerte Geschäftsidee: Wir gründen ein Taxiunternehmen. Wenn man ein Taxi bestellt, kann man bei der Bestellung gleich mit angeben, über welches Problem oder Thema man gerne sprechen möchte oder auf welche Fragen man Antworten braucht, und wir schicken dann den passenden Fahrer.

Verstehen Sie mich richtig: Natürlich ist das kein Karrieremodell, für das ich werbe. Wer Taxi fährt, hat oft in seinem eigentlichen Beruf keine Chance bekommen. Aus den vielfältigsten Gründen. Die Ausbildung wurde im Ausland gemacht und hier nicht anerkannt. Die Sprachkenntnisse reichen nicht aus oder man wird als zu alt für eine Karriere angesehen.

Was will ich Ihnen damit sagen? Ob Taxifahrer oder Investmentbanker, wir müssen alle mit veränderten Rahmenbedingungen zurechtkommen. Lange Betriebszugehörigkeiten sind Auslaufmodelle. Was bisher noch scheinbar Normalität ist – der stringente Lebenslauf von der Wiege bis zur Bahre, ich gehör zur Auslegware – wird es zukünftig für die meisten nicht mehr geben.

Die Zukunft ist bunt

Allerdings nicht für Arbeitnehmer, die sich an den erlernten Beruf klammern und sich nicht verändern wollen. Für sie wird es eher trostlos, denn sie werden auf dem Arbeitsmarkt immer weniger Chancen haben. Der einfarbige Lebenslauf hängt bald nur noch im deutschen-historischen Museum. Die neuen Lebensläufe werden bunter sein und viel Raum für viele unterschiedliche Tätigkeiten und Arbeitsbereiche in allen Branchen bieten.

Neulich las ich, dass ein Arbeitnehmer zukünftig in seinem Berufsleben bis zu fünf Berufe ausüben und circa zweiundzwanzig Jobwechsel durchlaufen wird. Ich sehe schon das G wie Grauen in Personaleraugen. Begriffe, wie Patchwork-Karriere, Mosaik-Karriere, fluide Karriere geben die Realität wieder. Das heutige Arbeitsleben gleicht einem Mosaik. Es setzt sich zusammen aus Phasen der Arbeit, der Selbstständigkeit, aus Karrieresprüngen, Zeitarbeit, Weiterbildung und auch Auszeiten wie Sabbaticals oder Arbeitslosigkeit.

Doch Sie haben sich ja für einen bunten Lebenslauf entschieden. Sie sind Zukunftsgestalter und da sind diese Voraussagen doch ein echter Trost. Es herrscht bereits Aufbruchstimmung. Denn Wechsel geben Impulse für die eigene Entwicklung. Eine Patchwork-Karriere bedeutet den eigenen Berufsweg aktiv zu gestalten, sich auf Veränderungen einzustellen oder diese selbst herbeizuführen. Wichtig ist, einen roten Faden für sich zu haben. Dann bieten Brüche Chancen und Möglichkeiten, neue Wege zu gehen. Der Wechsel kann das richtige Instrument sein, eigene Wege zu gehen, eigene Berufsziele zu verwirklichen und zu einem beruflich sinnerfüllten Leben zu kommen.

Ich bin dann mal weg ... vom Fenster oder Karriere mit 50 +

Als Andreas P. sich auf Arbeitssuche begab, glaubte er: Gute Leute werden immer gesucht und zu denen hatte er gehört.

Als hoch spezialisierter Abteilungsleiter mit einer soliden Karriere hatte er sich alles genau überlegt: Sommerpause mit Zeit für Familie und Enkelkind, alles erledigen, was in den letzten Jahren liegen geblieben ist in Haus und Garten, Bewerbungen schreiben, einen Personalvermittler einschalten. Dann im Herbst geht es mit einem neuen Job weiter, dachte er und unterschrieb den Aufhebungsvertrag.

Doch es sollte anders kommen. Neun Monate und dreißig Absagen später kam ein Brief von der Bundesagentur für Arbeit: In drei Monaten endet das Arbeitslosengeld, er solle doch schon mal ALG II (also Hartz IV) beantragen. Bis er das bekommt, muss Andreas vom Ersparten leben. Eben noch Führungskraft mit einhundertdreißig Mitarbeitern – und nun bald im Jobcenter – Nummer ziehen und warten.

Kaum ein Thema ist so einschneidend, wie der Verlust des Arbeitsplatzes. Unabhängig von den Gründen geht die Botschaft dem Gekündigten an die Nieren. Den Arbeitsplatz räumen zu müssen, ist oft genug ein demütigender Schritt, auch wenn nach außen die Fassade aufrechterhalten wird. Eine Kündigung, vor allem, wenn sie unfair oder unsensibel ausgesprochen wurde, hat Auswirkungen auf das Privatleben, die Gesundheit und die Familie.

Und gerade wegen dieser Auswirkungen ist es wichtig, dass Sie nach dem Sturz in die Tiefe schnell wieder ins Handeln kommen. Je länger die Auszeit, desto schwieriger wird ein Wiedereinstieg. Psychologische Studien zeigen, dass Arbeitslosigkeit zu Antriebslosigkeit führt und alles, was man sich für genau diesen Fall vorgenommen hat, wird nicht in Angriff genommen. Ein Notfallplan, den Sie bei Bedarf aus der Schublade holen können, kann Abhilfe schaffen.

Sie könnten die Zeit zum Beispiel wunderbar nutzen, um sich fachlich und persönlich weiterzuentwickeln. Sie könnten beispielsweise eine neue Sprache lernen, ein neues Computerprogramm oder Kurse zur Entwicklung Ihrer Soft Skills wie Präsentations- oder Gesprächstechniken, interkulturelle Kompetenz oder Führung virtueller Teams besuchen. Sie könnten Entspannungstechniken lernen, um sich gut zu wappnen für die neue berufliche Herausforderung. Das wären dann viele neue Patches im Lebenslauf und Recruiter könnten sehen, dass Sie engagiert sind und praktizieren, was alle predigen: lebenslanges Lernen. Spätestens jetzt ist es auch Zeit für einen Perspektivwechsel. Es ist hilfreich, sich nach Alternativbetrieben umzusehen, alte Kollegen, Kunden oder Geschäftspartner anzusprechen. Auch ein Blick zur Konkurrenz kann nützen. Vielleicht eröffnet sich hier die Möglichkeit für einen neuen Job.

Andreas bekam seinen, als er auf einem Klassentreffen offen danach fragte, ob ihm jemand helfen könne. Einer seiner ehemaligen Mitschüler arbeitete in einem Unternehmen, das ein neues Zweigwerk aufbaute und dafür einen Personalmanager suchte. Die meisten interessanten Jobs werden auf diesem Weg vergeben – über Kontakte. Sie tauchen erst gar nicht auf dem offenen Stellenmarkt auf.

Wenn Sie allerdings von Ihrer Branche oder Ihren Aufgaben die Nase voll hatten, dann ist das die ideale Gelegenheit, neue Wege zu gehen. Hier gibt es mehr Möglichkeiten als Ihnen vielleicht bewusst sind. Gerade jetzt sind die Zeiten günstig, der zukünftig drohende Fachkräftemangel – derzeit zumindest in einigen Bereichen und Regionen – zwingt Arbeitgeber schon jetzt zu mehr Kompromissen. Seien Sie offen und denken Sie auch jenseits Ihrer bisherigen Job- und Rollenmuster. Überlegen Sie, welche Stärken Sie haben, und verbinden Sie diese mit Ihren Interessen und Ihrer Bereitschaft, sich neues Wissen anzueignen. Nutzen Sie die Zeit, denn je eher Sie sich mit Ihrer Zukunft beschäftigen, desto schneller überwinden Sie das Tief. Weitere Anregungen und Tipps finden Sie auf meiner Webseite *www.petrabarsch.de*

In jedem siebten Ei – da steckt ein neuer Job

Noch nicht einmal verabschiedet haben sie mich, sagt Martin. Zwanzig Jahre habe ich für sie gearbeitet und nun brauchen Sie mich nicht mehr. Er war verbittert. Sein Job wurde abgewickelt, weil die Unsicherheit der Energiewende die Unternehmen vorsichtig werden lässt. Niemand investiert mehr in Kraftwerke. Mit Mitte fünfzig war für ihn nun Schluss. Schlüssel abgeben, Arbeitszeugnis wird zugeschickt und das war's.

Martin war sich sicher, dass er in seinem Alter keinen neuen Job mehr finden würde. Er war hoch spezialisiert und wollte nicht noch einmal ganz von vorne anfangen. Also zog sich Martin nicht nur äußerlich, sondern auch innerlich auf sein Altenteil zurück. Es gibt immer was zu tun, wenn man ein Haus und Enkelkinder hat. Im Urlaub waren wir auch schon lange nicht mehr richtig, überzeugt er mehr sich selbst als seine Umwelt. Noch zwei Jahre arbeitslos und dann werde ich weitersehen.

So wie Martin geht es immer noch vielen in seinem Alter. Ist die Fünfundfünfzig erst mal überschritten, rechnen sie sich aus, wie sie bis zum Renteneintritt über die Runden kommen können.

Wenn der Arbeitgeber abbaut, auslagert oder schließt, dann sinken die Chancen der älteren Betroffenen auf dem Arbeitsmarkt oft rapide. Auch wenn immer wieder zu lesen ist, die Situation der über Fünfzigjährigen hätte sich verbessert, ist dem nicht so. Oder sieht das so aus?

Jobs ab fünfzig Jahren – Stellenmarkt auch für Rentner, Senioren-Jobbörse

www.gelegenheitsjobs.de/stellenangebote/jobs-ab-50-jahren.php

Während sich die Wirtschaft immer mehr auf ältere Konsumenten einstellt, geht dieser Trend zurzeit noch am Arbeitsmarkt vorbei. Unternehmen setzen weiterhin auf Verjüngung der Teams. Heißt das, mit 50+ gehört man zum alten Eisen und ist reif für den Schrottplatz – ähnlich wie Martin das sieht? Natürlich nicht! Immerhin jeder siebte Arbeitnehmer, der neu eingestellt wird, ist über fünfzig. Die Zahl der Beschäftigten im Alter zwischen fünfzig und fünfundsechzig Jahren ist gewachsen von rund sieben Millionen Beschäftigten 2009 auf 9,4 Millionen Beschäftigte in 2014.

Nehmen sie einen Alten

Hanna ist Sekretärin und wurde mit einundfünfzig Jahren arbeitslos. Die Firma, für die sie tätig war, meldete Insolvenz an. Doch statt Trübsal zu blasen, ging Hanna gezielt auf Zeitarbeitsfirmen zu. Sie war überzeugt, nur so eine neue Stelle zu finden. Und es klappte tatsächlich, sie wurde eingestellt. Zwei Jahre tingelte Hanna durch verschiedene Unternehmen, nirgends wirklich zugehörig, oft nur ein paar Wochen am selben Platz. Mit der Zeit ging es ihr an die Nieren, immer die Neue zu sein, nie für ihre stete und gute Arbeit gelobt zu werden und der Verdienst, zum Leben zu wenig, zum Sterben zu viel. Doch sie hielt durch. Sie glaubte fest daran, dass die für sie die richtige Tür öffnen würde, sie hatte einfach bisher noch nicht an die richtige Tür geklopft. Sie hatte recht behalten. Das Blatt wendete sich für sie. Der neue Chef schätzte ihre gute Arbeit und ihre positive Art, ihr Alter ist gar kein Thema. Er hat sie in ein unbefristetes Arbeitsverhältnis übernommen. Sie verdient heute mehr als je zuvor. »Aufgeben war nie eine Option für mich«, sagt Hanna strahlend. Recht hat sie!

Sie können sicher sein: Vor dem Hintergrund des demografischen Wandels muss und wird sich hier etwas in den Köpfen der Unternehmer bewegen. Diese Erkenntnis setzt sich mehr und mehr durch. Sie müssen mir nicht glauben. Lesen Sie mal im Netz und in den Tageszeitungen zum Thema »Auszubildende händeringend gesucht ...« Es gibt zu wenig junge Leute, und von den Jungen sind zu wenig ausbildungsreif. Ich sage dazu: »Wat den Eenen sin Uhl, is den Annern sin Nachtigall.« Sie sind mehr als ausbildungsreif, Sie sind ausgereift und von daher voll einsetzbar!

Enemenemuh und raus bist du!

Mütter! Mütter erleben auf dem Arbeitsmarkt Ähnliches wie ältere Arbeitnehmer und hier vor allem alleinerziehende Mütter. Sind sie erst mal in die Arbeitslosigkeit geraten, ist die Rückkehr auf den regulären Arbeitsmarkt oft problematisch. Neben der teilweise immer noch schlechten Betreuungssituation sind es vor allem die Vorbehalte der Arbeitgeber, die für Mütter fast uneinnehmbare Festungen darstellen. Denn selbst wenn die Kinderbetreuung gesichert ist, fallen sie durch Krankheiten der Kinder trotzdem aus. Kranke Kinder dürfen nicht in die Kita und Mütter dürfen meist nicht flexibel arbeiten. Hinzu kommt, dass arbeitende Mütter oft ein schlechtes Gewissen haben, weil sie ihre Kinder in die Kita geben. In manchen Teilen Deutschlands hält sich hartnäckig die Bezeichnung »Rabenmutter« für berufstätige Mütter. Dabei zeigen viele wissenschaftliche Studien, dass sich Kinder von Alleinerziehenden beziehungsweise von berufstätigen Müttern, in der Regel genauso gut, wenn nicht besser entwickeln, als Kinder von hauptberuflichen Müttern.

Karierrefalle Kind

Katja, eine junge Mutter aus Berlin, ist studierte Germanistin, nach der Geburt ihrer beiden Kinder nahm sie eine sechsjährige Auszeit. Mit Schuleintritt des zweiten Kindes wollte Katja wieder arbeiten, doch eine Rückkehr in ihr altes Unternehmen war nicht mehr möglich. Seit fünf Jahren wünscht sie sich eine Chance, wieder zu arbeiten. Sie hat über zweihundertfünfzig Bewerbungen geschrieben, doch sobald sie sich als Alleinerziehende zu erkennen gibt, endet der Bewerbungsprozess für sie. Der Wunsch nach Teilzeitarbeit steht dem Wunsch der Arbeitgeber ebenfalls entgegen und die Konkurrenz um die wenigen Stellen ist groß. Auch im Jobcenter findet sie keine wirkliche Unterstützung, sie bekommt Jobangebote als Küchenhilfe, Kassiererin oder Callcenteragentin meist im Schichtsystem. Sie hat Angst vor Sanktionen, wenn sie sich auf die Stellen nicht bewirbt.

Im Gespräch mit Start-up-Unternehmern wurde mir klar, dass sich diese Haltung gegenüber berufstätigen Müttern auch bei der neuen Generation nicht so schnell ändern wird. Sie erklärten mir, dass sie aus ihrer Sicht, Frauen mit Kindern oder auch junge Frauen, die noch Kinder bekommen könnten, lieber nicht einstellen, das Risiko der Ausfälle sei ihnen zu groß.

Ausnahmen, die die Regel bestätigen

Großen Mut bewies Manuela aus Berlin. Als sie nach ihrer neunjährigen Erziehungspause keinen Einstieg fand, machte sie sich selbstständig. Als Biologin leitete sie Forschungsarbeitsgemeinschaften für Kinder an Schulen. Über einen Verein zur Förderung naturwissenschaftlichen Denkens arbeitete sie zuerst einige Stunden in der Woche in einer Schule. Ihr Geschick im Umgang mit Kindern sprach sich rum und weitere Schulen kamen auf sie zu. Über die Begeisterung der Kinder trug sich die Kunde auch in die Elternhäuser und sie bekam nach und nach erste Anfragen für Nachhilfeunterricht. Mut geschöpft durch die positiven Ergebnisse bewarb sie sich auf die Ausschreibung der Stadt für Lehrer im Quereinstieg. Sie bestand das Auswahlverfahren mit Bravour und unterrichtet jetzt Biologie und Erdkunde an einer Grundschule.

Trotz aller Probleme bei der Stellensuche hat der Anteil der erwerbstätigen Alleinerziehenden in den letzten Jahren kontinuierlich zugenommen und liegt inzwischen bei rund 71 Prozent, Tendenz weiter steigend.

Führung nein danke ...

Hannelore war Abteilungsleiterin in einem international agierenden Unternehmen in Frankfurt, als sie schwer erkrankte. Ihren Job wollte sie nicht aufgeben, da sie sich in dem Unternehmen wohlfühlte und sich der Schwierigkeiten eines Wiedereinstiegs bewusst war. Nach ihrer Rückkehr bat sie um ein Gespräch mit dem Ziel, ihre Arbeitszeit zu kürzen und ihren Aufgabenbereich zu verändern. Sie wollte keine Führungskraft mehr sein, wieder fachlich arbeiten und insgesamt kürzertreten. Doch es zeigte sich, dass der Weg aus einer Führungskarriere nicht vorgesehen war. Das Unternehmen konnte und wollte ihr nicht entgegen kommen. Man einigte sich schließlich auf eine Aufhebung des Vertrages.

Die Bedrohung durch Arbeitslosigkeit ist auch in Führungsetagen angekommen. Nur spricht hier selten jemand darüber. Doch gerade sie verfallen oft in eine Schockstarre, wenn sie nach Jahren wichtiger Tätigkeit, plötzlich ihren Job verlieren. Wenn nach Jahren der Anerkennung, der Statussymbole und der Einbeziehung in entscheidende Belange des Unternehmens das Aus ansteht, können sie sich schwer darauf einstellen. Angst vor Gesichtsverlust, Angst vor dem finanziellen Absturz und Angst, nicht mehr zum vertrauten Umfeld zugehörig zu sein, können das Ruder des Lebens übernehmen.

Hat sie es getroffen, müssen Führungskräfte erkennen, dass Jobs in den Führungsetagen dünn gesät sind. Viele suchen ein Jahr oder länger nach Arbeit, steigen in unteren Karrierestufen wieder ein oder gehen in die Beratung. Hinzu kommen familiäre Rückschläge und der Abbruch vieler gesellschaftlicher und geschäftlicher Kontakte. Manch ein Geschäftspartner geht nicht mal mehr ans Telefon. Doch es geht auch anders.

Hajo K., zweiundfünfzig, Abteilungsleiter
Hajo K. wurde von seinem Unternehmen nach zwanzig Jahren ausgemustert. Er war Abteilungsleiter und die Abteilung, die ihm unterstand, wurde outgesourct. Da schon seit mehr als einem Jahr im Unternehmen darüber gemunkelt wurde, traf ihn die Kündigung nicht ganz unvorbereitet. Trotzdem war es ein komisches Gefühl, als es Realität wurde, denn irgendwie stirbt ja doch die Hoffnung zuletzt. Hajo hatte aber bereits Überlegungen mit seiner Frau angestellt, was in einem solchen Fall zu tun wäre. Sie hatten beschlossen, in eine andere Stadt umzuziehen und dies von einer neuen Beschäftigung abhängig zu machen. Er zog ein Fazit und machte sich bewusst, was er kann und was er will. Er ging aktiv auf die von ihm favorisierten Firmen zu und fand innerhalb eines halben Jahres eine neue gleichwertige Anstellung.

Eine Abwärtsspirale – nein danke

Matthias B., fünfzig, seit vier Jahren verheiratet, zwei Kinder im Alter von fünf und zehn. Als Sinologe war er zuletzt sehr erfolgreich als Marketing-Manager tätig. Er hat ein Haus gekauft, um es seiner neuen Familie heimelig zu machen. Im Unternehmen war er seit fünfundzwanzig Jahren. Seit Kurzem ist er jedoch arbeitslos, da ein neuer Geschäftsführer die Führungsmannschaft ausgetauscht hat. Und plötzlich steht er vor einem Berg von Problemen. Nach einer gewissen Zeit muss sich die Familie finanziell einschränken, Urlaube werden weniger oder finden in der näheren Umgebung statt. Zinsen und Tilgung für das Haus werden zu einer großen Belastung. Er hat keinen Zugang mehr zur im Unternehmen zur Verfügung stehenden Fachliteratur und zu Insiderinformationen, die er bisher durch die Teilnahme an Konferenzen und Tagungen bekam. So nimmt nach und nach sein aktuelles Fachwissen ab.

Ehemalige Kollegen und Geschäftspartner können ihm bei der Jobsuche nicht weiterhelfen. Man sichert ihm zwar Unterstützung zu, aber es bleibt bei wortreichen Bekundungen. Seine Stimmung wird zunehmend gereizter und der Optimismus schwindet von Woche zu Woche. Gesundheitliche Probleme gesellen sich zu den anderen.

Matthias B. fühlt sich ohnmächtig, bewirbt sich auf Stellen, die weit unter seiner früheren Position liegen, der Ton seiner Bewerbungen wird verzweifelter und vor allem, er bleibt immer gleich. Die Resignation ist in jeder Zeile und jedem Wort spürbar. Ablehnungen gehören zum Alltag. Er hat alles vergessen, worauf er in der Personalauswahl immer geachtet hat. Er versucht irgendwo Fuß zu fassen und konzentriert sich dabei kaum noch an seinen Erfolgen und Erfahrungen. Wie sich Matthias aus dem Loch herausgeholt hat, erfahren Sie im letzten Teil des Buches.

Die Ursache solcher Karriereknicke ist häufig, dass sich Arbeitnehmer von einem Unternehmen abhängig machen und keine Alternativen im Blick haben. Auftretende Spannungen oder auch das eigene Unwohlsein werden so häufig nicht erkannt, verleugnet oder beiseitegeschoben. Bei Matthias B. war es der Fall, dass er es hätte merken können. Er nahm nicht mehr an allen strategischen Sitzungen teil, Entscheidungen wurden von einer höheren Ebene getroffen. Er, der immer ein Macher war, wurde zum Umsetzer degradiert. Seine Unzufriedenheit stieg von Tag zu Tag, doch Matthias nahm alles hin. Seine Angst, ohne einen Job dazustehen, war größer. Dann kam der Tag, an dem ihm nahe gelegt wurde, freiwillig zu gehen, um ihm die Schmach einer Kündigung zu ersparen. Er bekam ein sehr gutes Arbeitszeugnis und eine hohe Abfindung. Gerade für Führungskräfte stellt diese Abwärtsspirale eine große Gefahr dar.

Knicke, die eigentlich keine sind

Und dann gibt es noch Knicke, die eigentlich gar keine sein dürften, die entstehen, wenn Sie die Branche, Ihren Tätigkeitsbereich oder die Unternehmensstruktur wechseln wollen. Keine Branchenerfahrung ist hierbei die größte Hürde, die ein Patchworker zu überwinden hat. Warum das so ist? Das erfahren Sie bei einem Blick im nächsten Teil des Buches.

Let's go

Immer öfter verlassen Menschen freiwillig ihren Job, teilweise ohne bereits eine feste Perspektive im Auge zu haben. Sie gehen, weil das Umfeld nicht stimmt, weil der Sinn in der Arbeit verloren gegangen ist, weil sich alles ganz falsch anfühlt. Und manchmal ist auch Mobbing die Ursache für einen Bruch. Anforderungen, die vor allem junge Menschen an Unternehmen haben, wie Flexibilität in Zeit und Raum, finden sie trotz Versprechen kaum vor und so begeben sie sich wieder auf die Suche. Sie gehen, bevor sie an ihrem Berufsalltag zerbrechen, bevor sich Burn-out, Stress oder Versagensangst in ihrem Leben breitmacht.

Create your own Patch

Alles Mist, Nase voll. Der Job macht Ihnen schon lange keinen Spaß mehr, Stress, Termindruck, arbeiten fast ohne Zeitlimit und keinen Chef, der Ihnen den Rücken stärkt?

Zeit für einen Jobwechsel! Sicher, aber trotzdem sollten Sie nichts überstürzen. Jedem läuft mal was schief, jeder ist mal frustriert. Manchmal sogar so sehr, sodass Sie alles hinwerfen, kündigen und woanders neu anfangen möchten. Aber egal, wie viele Gründe Ihnen einfallen: Den Job aufzugeben, ist zunächst nur eine Option – aber keine Entscheidung, die man spontan treffen sollte.

Bevor Sie selbst das Ende einleiten

»Warum möchten Sie wechseln?» diese oder eine ähnliche Frage wird Ihnen im Vorstellungsgespräch gestellt, wenn Sie von sich aus entschieden haben, sich nach einem neuen Job umzusehen. Doch wenn Sie erst an dieser Stelle anfangen darüber nachzudenken, ist es zu spät. Sie haben die Chance verpasst, mit Ihrem bisherigen Arbeitgeber ins Gespräch zu kommen, ob ein Aufgabenwechsel, eine neue Abteilung oder eine andere Position Ihre Unlust verschwinden lässt. Sie haben die Chance verpasst, mit ihm über flexiblere Arbeitszeiten oder Homeoffice zu sprechen und haben vielleicht sogar versäumt, über eine Gehaltserhöhung zu verhandeln.

Laut einer Studie des Instituts für Arbeitsmarkt- und Berufsforschung (IAB) wechseln statistisch gesehen jährlich etwa 3 Prozent der Erwerbstätigen ihren Job, das sind etwa 3,4 Millionen Menschen. Etwa zweiundfünfzig Prozent davon freiwillig.

Dafür gibt es gute Gründe, wenn ...

... der Job krankmacht
Wenn Sie sonntagmorgens schon beginnen sich vor Montag zu graulen, wenn sich ihr Magen zusammenzieht, wenn sich Infekte häufen, Rückenschmerzen kaum noch auszuhalten sind, aber im Urlaub die Beschwerden verschwinden. Dann sagt Ihnen Ihr Körper: Schluss damit, hör auf.

Michaela wurde zum Ende ihres Urlaubs regelmäßig krank, Erkältungen, Magen-Darm-Erkrankungen oder Probleme der Wirbelsäule traten immer in den letzten Urlaubstagen auf und zögerten den Start hinaus. Ganz dicke kam es, als sie nach vier Wochen Urlaub schon auf der Rückreise eine Lungenentzündung bekam, mit der sie zwei Wochen ins Krankenhaus musste. Für Michaela war das ein Warnsignal, ihren Job zu wechseln.

... Sie nicht mehr ins Team passen
Teams verändern sich im Lauf der Zeit, Chefs wechseln und mit ihnen auch der Umgangston, die Art zu arbeiten oder auch Kontrollmechanismen. Unterschiedliche Werte werden propagiert. Immer öfter fühlen Sie sich unsicher, unwohl und arbeiten gegen Ihre Überzeugungen. Auch das kann ein Grund sein, sich nach einem neuen Job umzusehen.

Derzeit betreue ich den Verwaltungsbereich eines Mittelständlers auf dem Weg in die Selbstbestimmung. Die Mitarbeiter haben keinen Chef mehr, sie entscheiden über alle relevanten Fragen selbst, sie stellen neue Kollegen ein, verhandeln untereinander Urlaubszeiten. Das hat auch Nachteile und drei Kollegen haben das Unternehmen bereits verlassen, da sie einen Chef brauchen, der ihnen sagt, wann, was, wie gemacht wird. Sich selbst zu führen, ist etwas, was wir verlernt haben und was auch nicht jedem liegt. »Den Einzelnen kann es überfordern«, sagt Dr. Klaus Dörre, Soziologieprofessor an der Uni Jena.

... fordern und fördern sich nicht mehr die Waage halten

Spannende Projekte bekommt ihr Kollege, Sonderschichten oder Rufbereitschaft bekommen Sie. Neue Aufgaben – besser die junge Kollegin, die kann man dahin gehend noch qualifizieren, Sie eher nicht mehr. Oder Ihr Arbeitgeber ermöglicht gar keine Weiterbildung, dann kann das Interesse an Ihnen wohl nicht so hoch sein.

Sandra ist Oracle-Datenbankadministratorin und zog vor einigen Jahren für einen interessanten Job in eine Kleinstadt. Ernüchtert und enttäuscht kehrte sie dem Unternehmen bald den Rücken, um sich immer wieder in ähnlichen Arbeitsverhältnissen wiederzufinden. Abgespeist mit minderwertigen Aufgaben trotz hoher Qualifizierung, ungezählte Überstunden, viele Ad-hoc-Arbeiten und immer auf Abruf zu arbeiten. Sie nennt das moderne Lohnsklaverei. Die neuste Zertifizierung musste sie aus eigener Tasche bezahlen. Das war genug, Sandra erstellte eine Liste mit Rahmenbedingen, unter denen sie zukünftig nicht mehr arbeiten wollte. Da das allein noch nicht ausreicht, leitete sie daraus ihre Wünsche an eine neue Firma ab. Die legte sie jedem Vorstellungsgespräch zugrunde und fand eine Stelle, die zu neunzig Prozent mit ihren Vorstellungen übereinstimmt. Übrigens: Sandra ist dreiundfünfzig.

... sich Ihre Lebensumstände geändert haben

Ihre Familie ist gewachsen, Ihre Prioritäten haben ich verändert und das Unternehmen kann oder will Ihnen keine Möglichkeiten bieten, wie Sie Familie und Arbeit unter einen Hut bekommen?

Als Torsten sich für den Job als Softwareentwickler bewarb, waren ihm flexible Arbeitszeiten sehr wichtig. Er war gerade Vater geworden und wollte die ersten Jahre mit seiner Tochter erleben. Im Bewerbungsgespräch wurde ihm die Möglichkeit im Rahmen der Unternehmens- und Kundenanforderungen zugesagt. Während der Einarbeitung sei dies aber nicht möglich, hier müsse er sich an die Zeiten des einarbeitenden Kollegen anpassen. Im Anschluss gab es Aufgaben, die einer engen Abstimmung mit dem Kunden bedurften, danach war es die Zusammenarbeit im Team und überhaupt habe man von neun bis sechzehn Uhr Kernzeit. Davor und danach sei er aber ganz flexibel. Zum Glück gehört Torsten zu einer gesuchten Berufsgruppe, sodass er sich von dem Unternehmen wieder verabschieden konnte und einen passenderen Job antrat.

... das Unternehmen ein sinkendes Schiff ist

Auf den Fluren wird gemunkelt, dass es mit dem Umsatz nicht mehr so rosig läuft? Kollegen, die neben Ihnen gearbeitet haben, sind plötzlich gegangen? Oder frei gewordene Stellen werden nicht nachbesetzt? Umstrukturierungen können ebenfalls ein Zeichen für einen bevorstehenden Untergang sein – Aufgaben werden outgesourct, ganze Teams versetzt oder Abteilungen zusammengelegt. Nimmt dann noch die Kommunikation ab, werden Meetings eher hinter verschlossenen Türen abgehalten und dringen keine Informationen mehr nach außen, dann ist ebenfalls erhöhte Aufmerksamkeit geboten. Dann wird es Zeit sich zu fragen: Sollte ich mich doch nach etwas Neuem umsehen?

Thomas arbeitet seit vielen Jahren in seinem Unternehmen, er hat sich immer sehr wohl gefühlt, die Arbeit macht ihm Spaß und der Verdienst stimmt auch. Ihm ist klar, dass er bei einem Wechsel eher verliert. Seit einiger Zeit jedoch geht das Gerücht um, dass die Zahlen nicht mehr stimmen. Mitarbeiter gehen und auch ein Geschäftsführer verlässt das Unternehmen. Thomas beobachtet die Situation und schafft rechtzeitig den Absprung. Da er sich aus einer festen Anstellung beworben hat, findet er zeitnah eine neue Stelle.

... die Leidenschaft nicht (mehr) da ist

Laut einer Umfrage des Stellenportals monster würden circa die Hälfte der Wechselwilligen das Unternehmen verlassen, um in einer Branche zu arbeiten, für die sie sich begeistern. Tja, mit der Leidenschaft ist das so ein Ding, ich bin auch der Meinung, dass man besser in einer Sparte arbeitet, für deren Produkte oder Dienstleistungen man sich einsetzen kann und will. Das heißt aber nicht, dass man dieser Branche ein Leben lang verbunden ist, denn viele Menschen haben nicht nur eine einzige Leidenschaft und manche davon bleiben auch besser ein Hobby. Beispiele dazu finden Sie im letzten Teil des Buches.

... Sie fair verdienen wollen

Irgendwie scheinen alle Umfragen zu ergeben, das Geld kein ausreichendes Wechselmotiv beziehungsweise Arbeitsmotiv überhaupt ist, aber das glaube ich nicht. Wenn Sie in einem Unternehmen arbeiten, das unter dem Branchendurchschnitt bezahlt, wenn Sie in einem Unternehmen arbeiten, in dem unterschiedliche Gehälter für dieselbe Arbeit gezahlt werden, wenn Sie in einem Unternehmen arbeiten, in dem Preis-Leistung für Sie nicht stimmt, dann können Sie überlegen, das zu ändern.

Die Wechselgründe meiner Klienten sind ebenso vielfältig

»Meine Leistung wird nicht anerkannt. Mein Chef sieht gar nicht, was ich alles leiste und auch Gespräche bringen mich nicht weiter.«

»Mit der Zeit ist es langweilig geworden. Immer mehr Routine, keine Herausforderungen mehr.«

»Ich kann nicht mehr, morgens bin ich die Erste und abends die Letzte. Und jeden Tag kommen neue Projektideen dazu. Oft weiß ich gar nicht, wo ich anfangen soll.«

»Wir bekommen ein Kind und ich möchte für meine Familie da sein. In der Woche arbeite und lebe ich in einer anderen Stadt. Ich möchte zu meiner Familie ziehen.«

Bevor Sie gehen

Bevor Sie diesen Schritt wagen, sollten Sie aber ernsthaft prüfen, ob das Bestreben ernsthafter Natur ist oder Sie eher einer momentanen Eingebung folgen. Sei es, weil Sie sich ungerecht behandelt fühlen und deswegen gekränkt sind. Sei es, weil Sie meinen, dass es nicht mehr auszuhalten sei. Ein Jobwechsel will gut überlegt und gut vorbereitet sein. Stellen Sie sich vorher die zentrale Frage: *»Will ich von etwas weg oder zu etwas hin?«*

Denn von etwas weggehen zu wollen ist eindeutig die schlechtere Wahl. Sie lassen sich dann schnell von Versprechungen, von besserer Bezahlung oder einem netten Chef im Vorstellungsgespräch blenden und hören nichts zwischen den Zeilen und sehen nicht mit offenen Augen, in was Sie sich da hinein begeben. In meine Beratung kommen oft Menschen, die ihre Jobs gewechselt haben und letztendlich vom Regen in die Traufe gekommen sind. Sie haben sich vorher nicht mit den Gründen auseinandergesetzt, weshalb Sie Ihren jetzigen Job verlassen wollen und was Sie anstatt dessen wollen. Ohne diese grundlegenden Überlegungen können Sie kaum einen wirklich wirksamen Wechsel vollziehen.

Was wollen Sie?

Kurt war Erzieher, der Beruf an sich machte ihm Spaß, nur das Umfeld stimmte nicht mehr. Auf die Frage, was denn nicht stimmt und was er sich stattdessen vorstellt, konnte er mir nur sehr vage sagen, warum er sich nicht wohlfühlt. Seine Aufgabe wurde, aufzulisten, was ihn störte. Dann sollte er sich die fünf wichtigsten, für ihn unverhandelbaren Punkte heraussuchen und sich überlegen: Was möchte ich stattdessen? Denn nur zu wissen, was nicht stimmt, reicht nicht. Mit dem Ergebnis ging Kurt dann zu verschiedenen Arbeitgebern, die er genauestens auf diese Punkte hin abklopfte. Jetzt arbeitet er in einem neuen Umfeld und hat wieder Spaß an seinem Beruf. Das funktioniert wirklich!

Sie können auch ausloten, ob es in Ihrer Firma nicht einen Bereich gibt, der besser zu Ihnen passt. Das Gespräch mit dem Chef suchen in der Tat die wenigsten. Die Gallup-Umfrage stellt dazu fest, dass nicht einmal jeder zweite Arbeitnehmer (45 Prozent) mit seinem Chef oder seiner Chefin gesprochen hat. Wenn ich frage, was sagt denn Ihre Vorgesetzten dazu, wird meist mit den Schultern gezuckt. Ausreden gibt es viele: Der kann da auch nichts machen, Gehaltserhöhungen gibt es bei uns schon lange nicht mehr, in anderen Abteilungen ist es auch nicht besser, ein interner Wechsel ist bei uns nicht möglich und so weiter.

Arbeitszeitverkürzung? – Nicht gerne gesehen

Conny arbeitet seit fünfzehn Jahren im selben Unternehmen, jetzt möchte sie ihre Arbeitszeit reduzieren. Von ihrem Chef kommt die Ansage: Sie sehen doch, dass es hier nicht geht. Ich kann nicht einen Tag in der Woche auf sie verzichten. Doch so leicht will Conny nicht aufgeben. Sie bindet die Personalabteilung ein und in einem Dreiergespräch finden sie eine Lösung. Conny tauscht mit einer Kollegin einer anderen Abteilung, die aus ihrer Teilzeit eine Vollzeitstelle machen will.

Gehen oder bleiben?

Doch nicht jeder, den sein Job nicht erfüllt oder überlastet, findet den Weg aus der Falle. Wenn man den Gallup Engagement Index für Deutschland des Gallup betrachtet, dann machen 68 Prozent der Arbeitnehmer Dienst nach Vorschrift und 16 Prozent haben bereits innerlich gekündigt. Wie genau die Zahlen sind, ist letztendlich egal, es sind zu viele. Stellen Sie sich einmal vor, jeder dieser Unzufriedenen würde sich auf den Weg machen und einen Job suchen, der zu ihm passt, in dem er sich voll engagieren würde. Das gäbe ein gewaltiges Gerangel, aber für jeden Einzelnen und seine Gesundheit und für die Wirtschaft wäre das ein Segen. Leider machen sich die meisten aber nicht auf den Weg und es gibt Dutzende Gründe dafür. Ich möchte diese Gründe hier nicht werten oder gar abwerten, einige davon nur benennen und vielleicht einige davon infrage stellen:

Durchhalten um jeden Preis: »Irgendwann wird es schon wieder besser, nur noch das Projekt, den Auftrag und dann ...«

Der wievielte Auftrag ist jetzt schon ins Land gezogen?

Sie sind immer irgendwas: »Ich bin zu alt, zu dick, zu ...«

Irgendwas es ist sicher in allen Fällen und es ist nicht leicht. Aber ohne es zu versuchen, heißt vielleicht zu früh aufgeben.

Geld hält: »So viel verdiene ich nie wieder ...«

Ja, mag sein, aber wissen Sie das ganz genau? Im Volksmund gibt es eine Schmerzzulage, bekommen Sie die gerade auch? Wenn Sie das so hinnehmen, ist Ihre Schmerzgrenze noch nicht hoch genug.

Ich bin loyal: »Ich kann da jetzt nicht kündigen, die brauchen mich doch ...«

Diesen Satz höre ich tatsächlich, aber mal ehrlich, wenn Sie jemand braucht, dann ist er fair zu Ihnen.

Lebenslaufparole: »Wenn ich jetzt kündige, wie sieht denn das in meinem Lebenslauf aus?«

Was wird aus Ihnen, wenn Sie bleiben?

Verantwortung: »Ich muss für meine Familie sorgen, wir haben ein Haus gebaut, das Auto ist noch nicht abbezahlt ...«

Okay, das muss im Einzelfall mit allen Beteiligten geklärt werden.

Veit Lindau schrieb dazu in seinem Buch »Werde verrückt«: *»Ich habe noch kein Kind gesehen, das zweimal hintereinander auf die heiße Herdplatte fasst, doch ich kenne Erwachsene, die haben sich nicht nur daran gewöhnt darauf zu sitzen, sondern rechtfertigen dies auch noch.«*

Alles läuft auf die Angst vor dem Ungewissen hinaus. Doch ein Jobwechsel kann Perspektiven und Chancen bieten, wenn Sie ihn aus den richtigen Gründen gehen und wenn sie ihn gut vorbereiten. Wer mit dem Gedanken spielt, sich beruflich zu verändern, der sollte die Gründe, die dafür und dagegen sprechen, gegeneinander abwägen.

Die Beantwortung folgender Fragen kann Ihnen vielleicht Anregungen geben

1. Warum haben Sie diesen Job angenommen? Sind Sie eher zufällig in dieses Arbeitsfeld geraten und wollen eigentlich etwas ganz anders machen? Haben Sie die Stelle aus wirtschaftlichen Überlegungen angenommen? Oder hatten Sie Angst davor, nichts Passenderes mehr zu finden?
2. Gibt es noch irgendwas, was Ihnen Spaß macht an dem Job?
3. Tun Sie das, was Sie am besten können?
4. Haben Sie das Gefühl, dass Ihre Arbeit einen Sinn hat, dass sie wichtig ist?
5. Identifizieren Sie sich mit Ihrem Arbeitgeber, seinen Produkten oder Dienstleistungen?
6. Wie ist das Arbeitsklima? Freuen Sie sich auf Ihre Kollegen? Gehen Sie morgens gern los?
7. Möchten und können Sie sich in Ihrem Job weiterentwickeln?
8. Oder fragen Sie sich jeden Tag: »Das kann doch nicht alles gewesen sein, kommt da nicht noch was?«

Zwei Wege im Umgang mit dem Job

Erinnern Sie sich noch an das Beispiel von Martina? Sie kündigte vor zehn Jahren ihren Job, weil sie es in dem Unternehmen nicht mehr aushielt. Sie wurde aufgrund der Demütigungen, die an der Tagesordnung waren, immer öfter krank. Lange hatte sie sich den lautstarken Umgangston, die Beschimpfungen gefallen lassen. Die hohe Bezahlung nahm sie als Schmerzensgeld. Das war für viele Mitarbeiter der Grund auszuhalten, denn die Fluktuation war gering, aber der Krankenstand hoch. Sabrina ist eine gute Freundin von Martina. Sie entschied sich gegen einen Jobwechsel. Sicherheit und das hohe Gehalt ließen sie aushalten. Heute, zehn Jahre später und noch fünf Jahre bis zur Rente, bereut Sabine bitter, sich nicht wenigstens auf dem Arbeitsmarkt umgeschaut zu haben. Sie wartet sehnsüchtig auf die Rente, hat ihre Arbeitszeit reduziert und ihr graust vor jedem neuen Arbeitstag.

Jeder hat Gründe, weiter zu machen wie bisher. Doch wenn ich daran denke, dass wir einen großen, einen sehr großen Teil unseres Lebens auf der Arbeit verbringen, wenn ich daran denke, dass wir immer älter werden und gesund bleiben sollten und wenn ich daran denke, dass die Menschen um uns herum einen Partner, Vater, Freund verdient haben, dem es gut geht, der mit sich zufrieden ist. Dann finde ich, sollten Sie Ihre Jobsituation überprüfen und handeln.

Ich spreche aus eigener Erfahrung, in einem meiner Jobs war ich zutiefst unzufrieden, ich wurde zu Hause unausstehlich und fand in großen Reisen und Konsum meinen Ausgleich. Ich kaufte Dinge, die ich nicht brauchte und ging allen um mich herum mit meinem Gejammere auf die Nerven. Natürlich waren alle zu höflich, mir das zu sagen. Ich hatte es ja schon schwer genug. Erst als ich den Job los war, bekam ich zu hören, na endlich bist du wieder du selbst.

Was sonst noch knicken kann

Es gibt aber auch andere Arten von Brüchen im Arbeitsleben, die den Wiedereinstieg ins Arbeitsleben erschweren. Dazu gehören lange Familienphasen genauso wie gescheiterte Selbstständigkeiten. Für alle gilt, vor dem Wiedereinstieg ist eine Phase der Besinnung, der Neuorientierung und oftmals der Stärkung des Selbstbewusstseins notwendig.

Harald J., zweiundfünfzig, selbstständig

Harald J. war eine Größe in seiner Stadt, er besaß seit mehr als zwanzig Jahren zwei gut gehende Geschäfte. Jeder kannte, respektierte und schätze ihn. Dann das Aus, Harald musste Konkurs anmelden, seine Mitarbeiter entlassen und seine Läden schließen. Doch mit erst zweiundfünfzig wollte er sich noch nicht zur Ruhe setzen. Er überlegte, wieder in eine Anstellung zu gehen und so auch noch etwas für die Rente vorzusorgen. Seine Bewerbungen im Vertrieb, in der Geschäftsführung liefen ins Leere. Nach etwa sech-

zig gescheiterten Bewerbungen gab er auf. Die Begründung, nach so langer Selbstständigkeit könne er sich in keine Hierarchie mehr einordnen, konnte er nicht widerlegen.

Fazit

Es gibt Knicke und Brüche in unserem Lebenslauf, die uns den Boden unter den Füßen wegziehen können. Sie können uns finanziell, psychisch, physisch und familiär ruinieren. In den meisten Fällen gelingt es nicht, sich mit üblichen Bewerbungen eine neue Existenz aufzubauen. Nullachtfünfzehn-Bewerbungen, allgemeine Lebensläufe und der Blick in die Jobbörsen bringen uns hier nicht weiter. Aktive Strategien, ungewohnte Pfade und eine genaue Kenntnis der eigenen Stärken und des Chancenprofils sind unabdingbare Voraussetzungen für einen neuen beruflichen Erfolg. Wie genau das geht, erfahren Sie im letzten Teil des Buches.

Teil III:
Patches und Einkäufer –
Wie Personaler ticken

Führungsstarke Persönlichkeit für junges, dynamisches Team gesucht

LEXA '16

Hinter den Vorhang zu schauen ist interessant, aber auch schwierig, denn es gibt ihn nicht, den Arbeitgeber oder den Personaler. Es gibt viele und alle sind unterschiedlich. So tickt die Personalabteilung in einem Konzern ganz anders als ein Entscheider aus dem Mittelstand. Ein Verantwortlicher in einem sozialen Unternehmen anders als einer aus einer Agentur. Und der Unterschied zwischen traditionellen Firmen und Start-ups oder Firmen in neuen Branchen könnte größer nicht sein. Jeder sieht Dinge verschieden, entscheidet auf der Grundlage spezifischer Anforderungen. Arbeitgeber sind so bunt wie die Lebensläufe, die sie sehen. Sie haben verschiedene Ansichten, wen man wie einstellen soll. Und deshalb können Sie sicher davon ausgehen, dass es Arbeitgeber gibt, die Sie einstellen wollen. Auch wenn die beschriebene Veränderung vom Arbeitgebermarkt zum Bewerbermarkt noch nicht für alle zutrifft, sind erste Zeichen zu spüren. So strebt die Otto GmbH & Co KG zum Beispiel an, auf Anschreiben zu verzichten, weil bekannt ist, dass dies für Bewerber eine große Hürde darstellt.

Trotzdem liegt letztendlich die Macht zur Einstellung beim Arbeitgeber. Auch wenn das Angebot an Bewerbern knapper wird, ist die Auswahlstrategie oft immer noch darauf ausgerichtet, eher abzulehnen und auszusortieren. Bewerbungsunterlagen werden gesichtet und zuerst werden die Bewerber beiseitegelegt, die nicht infrage kommen. Da hierfür nicht so viel Zeit zur Verfügung steht, fallen Bild, Gestaltung und Übersichtlichkeit sofort ins Auge und lösen den ersten Impuls aus. Viele Personaler beklagen sich immer noch über mangelhafte Unterlagen. Etwa vierzig Prozent der Bewerbungen sind fehlerhaft. Diese Fehler katapultieren Sie schon vorher aus dem Rennen:

- unvollständige Anlagen
- zu große Dateien
- unseriöse E-Mail-Adressen
- falsche Dateiformate
- Verwendung von Abkürzungen

Wenn Sie darauf hoffen, dass Ihre Leistung für sich spricht, dann unterliegen Sie einem Irrtum. Das ganze Paket zählt, vom ersten Kontakt bis zur Einstellung.

Wie läuft das ab?

Um in den Recruitingprozess einzusteigen, versetzen Sie sich einmal in die Rolle eines Recruiters. Seine erste Aufgaben ist die Erstellung eines Anforderungsprofils in Abstimmung mit der Fachabteilung, dann folgt die Gestaltung der Ausschreibung, mit der Auswahl der Kriterien, gefolgt von der Unterlagensichtung und beendet ist der Prozess mit dem Auswahlgespräch.

In meinen Weiterbildungskursen für Personalreferenten ist die Personalauswahl immer ein Teil der Ausbildung. Die Aufgaben bauen aufeinander auf und beginnen in der Regel mit dem Anforderungsprofil (oder heute der Funktionsbeschreibung), das hinter jeder Ausschreibung steckt. Die Teilnehmer entwickeln solche Profile. Sie legen fest, welche Aufgaben auf der Stelle erledigt werden müssen, wie die hierarchische Einordnung ist und natürlich, welche Anforderungen sich daraus für den neu einzustellenden Mitarbeiter ergeben. Für die Vorbereitung der Ausschreibung erfolgt eine Priorisierung der Anforderungen von unerlässlich bis wäre wünschenswert. Das Phänomen hierbei ist immer, dass die zukünftigen Personaler neunzig Prozent der Anforderungen für unerlässlich oder sehr wichtig halten. Eine gezielte und realistische Prioritätensetzung habe ich noch nie erlebt und nie eine, die darauf aus ist, Potenziale zu finden.

So werden Stellenausschreibungen tatsächlich oft erstellt. Es wird alles aufgelistet, was eine eierlegende Wollmilchsau können sollte. Aufgeblähte Anforderungen, die kaum ein Mensch erfüllen kann. Manchmal scheinen die genannten Anforderungen nicht mal auf die Stelle zu passen, so wie hier:

Englisch erforderlich?

Ein kleineres Unternehmen mit Kunden, die ausschließlich in Deutschland sind, suchte eine Sekretärin mit grundlegenden Buchhaltungskenntnissen und verhandlungssicherem Englisch. Eine Anforderung, die bei näherer Betrachtung der Webseite große Verwunderung hervorrief. Ein Anruf brachte die Klärung – keiner konnte sich zunächst denken, wie diese Forderung in die Anzeige gelangt war. Wahrscheinlich wurde hier einfach die Anzeige eines anderen Unternehmens kopiert. Es klärte sich auf und die Kandidatin, die auf diese Stelle top gepasst hatte, nur über keinerlei Englischkenntnisse verfügte, bekam die Stelle.

Nicht immer ist Copy-and-paste die Ursache, viel häufiger ist es, dass sich das ausschreibende Unternehmen nicht wirklich mit der zu besetzenden Stelle beschäftigt hat. Oder eine alte Ausschreibung wurde wieder verwendet, auch wenn sich der Aufgabenbereich längst verändert hat.

Vierzig Stunden Teilzeit

So erging es einer Kandidatin, die sich auf eine Teilzeitstelle in einem Sekretariat beworben hatte. Im Gespräch, so erzählte sie später, schienen Bewerberin und Interviewer aneinander vorbeizureden. Die Frau mit drei Kindern wurde immer wieder gefragt, ob sie denn vierzig Stunden mit ihren Kindern in Einklang bringen könne. Zudem wurden ihre seit fünfzehn Jahren ungenutzten Fremdsprachenkenntnissen, die in der Anzeige nicht gefordert waren, überprüft. In ihrer Verwunderung fragte die Kandidatin noch einmal nach der Stelle und die Antwort verblüffte sie dann doch. Gesucht wurde eine persönliche Assistentin in Vollzeit mit Kenntnissen in zwei, besser drei Fremdsprachen und gelegentlichen Auslandsaufenthalten. Da ihre Kinder groß genug waren und die Stelle sehr interessant, nahm die Kandidatin das Angebot an. Später sagte sie, wenn die Stelle richtig ausgeschrieben gewesen wäre, hätte ich mich nicht darauf beworben. Das zeigt, dass es Sinn machen kann, konkrete Fragen vor einer Bewerbung an die ausschreibende Stelle zu richten.

Wie kann so was passieren, fragen Sie sich? Nun eigentlich ganz einfach, die Anforderungen der Stelle ändern sich im Lauf des Bewerbungsprozesses. Es besteht keine Einigung zwischen Fach- und Personalabteilung. Seit der Ausschreibung ist viel Zeit vergangen und es ist inzwischen eine andere Stelle vakant. Die Ausschreibung zu wiederholen ist aber zu aufwendig und so geht man davon aus, dass schon einer der Kandidaten passen werde. Aus dieser Situation heraus sucht der Recruiter einen passenden Kandidaten, einen, der schnell einsteigen kann. Langwierige Einarbeitung, Eingewöhnung in das Umfeld oder Vertrautmachen mit den spezifischen Gegebenheiten – Fehlanzeige. Passen muss er, und zwar sofort.

Aus diesem Grund stehen Ausbildung, Studium und spezifische Berufserfahrung an der Spitze der Wünsche. Eine eher veraltete Einstellung angesichts der im ersten und zweiten Teil des Buches beschriebenen Entwicklungen. Immer häufigere und schnellere Wechsel des Arbeitsplatzes, des Arbeitgebers entstehen aufgrund von Befristungen, Teilzeitarbeit, Freelancertätigkeiten oder Projektarbeit und doch wollen Personalentscheider möglichst glatte, stimmige und geradlinige Lebensläufe.

Zeigt her eure Knicke

Bei den Auswahlkriterien zählen immer noch Passgenauigkeit in der Ausbildung und einschlägige Berufserfahrung zu den wichtigsten Kriterien. Während man erwarten könnte, dass die Auswahl an Flexibilität gewinnt, soziale Faktoren an die erste Stelle der Auswahl treten, ist das Gegenteil der Fall. Auswahlkriterien werden enger denn je gefasst. Und zu den vorhandenen Brüchen fügen Personalentscheider gern noch einige hinzu. Wussten Sie, dass Branchenwechsel, ein Wechsel zwischen Organisationsstrukturen und der Wechsel zwischen sozialen Organisationen und Wirtschaftsunternehmen fast ebenso große Brüche darstellen wie Arbeitslosigkeit oder Familienauszeit? Ja, Sie haben richtig gelesen, wenn Sie aus der Chemie in die Medizintechnik wechseln wollen, egal ob als Buchhalter oder Verkäufer, wird Ihnen das nicht leicht gemacht – keine Branchenerfahrung lautet die Aussage der Verantwortlichen.

Hürden, die keine sind

Ein Buchhalter aus der Lebensmittelbranche war auf der Suche nach einer neuen Beschäftigung, die näher an seinem Zuhause war. Familiäre Verpflichtungen ließen eine ständige Pendelei nicht mehr zu. In seinem regionalen Umfeld war aber kein Lebensmittelunternehmen ansässig. Also bewarb er sich in anderen Branchen – ohne Erfolg. Immer lautet die Antwort: »Sie bringen keine Erfahrung in unserer Branche mit.«

Es gibt sicher Positionen, in der die Erfahrung aus der Branche eine entscheidende Bedeutung hat, um bestimmte Aufgaben auszuüben. Sie dürfte zum Beispiel für Positionen in Forschung, Entwicklung und Konstruktion hoch sein. Doch das muss nicht für alle Positionen gelten. Die Bedeutung kann abnehmen, je höher die Position ist. Wie man sieht: heute Familienministerin, morgen Verteidigungsministerin, übermorgen ... Wenn der Anteil betriebswirtschaftlicher Aufgaben steigt und die Aufgaben in Schnittstellenfunktionen zunehmen, könnte die Branchenbedeutung sinken. Beispiele hierfür sind: technischer Vertrieb und Einkauf, technisches Marketing, Projekt- oder Produktmanagement. Hier sollte die Funktionsexpertise entscheidend sein und die Branchenausrichtung des Lebenslaufes eher sekundär. Leider spricht die Praxis immer noch eine andere Sprache.

Eine ebenso große Hürde stellt ein Wechsel aus einem mittelständischen Unternehmen in einen Konzern und umgekehrt dar. Die unterschiedlichen Strukturen, Vorgehensweisen, Entscheidungswege und Hierarchien werden meist als Ablehnungsgründe genannt. Allerdings nicht Ihnen gegenüber.

Christine, zweiundvierzig, Einkäuferin
Christine arbeitete zehn Jahre in einem Konzern der Nahrungsmittelindustrie in der Einkaufsabteilung. Als ich sie kennenlernte, konnte sie die Gepflogenheiten nicht mehr ertragen. Ihr schauerte vor den nächsten Verhandlungen und es fiel ihr immer schwerer, die Produkte zu vermarkten. Nicht weil sie schlecht waren, sondern weil sich ihr Leben geändert hatte, weil sie gesundheitsbewusst und sportlich aktiv war. Ihr Wunsch war es, Ihre Fähigkeiten im Verhandeln, im Kundenkontakt und der Beratung mit Produkten zu verbinden, die ihr näherlagen. Sportprodukte oder Outdoor waren ihre Favoriten. Es gelang ihr über einen Zwischenschritt bei einem sehr großen Sportartikelhersteller schließlich, in einem mittelständischen Unternehmen für Outdoorausrüstungen Fuß zu fassen. Dort ist sie heute noch und sehr zufrieden.

Die dritte schwierige Wechseloption ist die aus einer sozialen Organisation in einen Wirtschaftsbetrieb, aber auch in umgekehrter Richtung. Viele Personaler haben über Non-Profit-Organisationen im Kopf, dass in festen Strukturen gearbeitet wird und dass gewohnte Arbeitsweisen festgefahren sind und nicht gern umgestellt werden. Das lässt ein Bild von Unflexibilität und Langsamkeit beim Arbeiten entstehen. Auf der anderen Seite herrscht das Bild vor, dass in der Wirtschaft immer Druck herrsche, dass tough sein und Ellenbogenmentalität zu den hervorstechendsten Eigenschaften gehörten.

Cultural fit
... nennen das die Organisationen und meinen, dass die kulturelle Passung der Kandidaten stimmen müsse. Das liegt daran, dass Fähigkeiten trainiert und relativ zeitnah aufgebaut werden können, kulturelle Verbundenheit eher nicht. Im Fall einer guten Passung des Kandidaten wird von einer hohen Leistungsbereitschaft und -fähigkeit ausgegangen. Daher steigt die Bedeutung der kulturellen Passung tendenziell an. Eine wesentliche Voraussetzung wäre aber, dass Unternehmen ein realistisches Bild ihrer Kultur

aufzeigen. Das ist jedoch in den seltensten Fällen so, Hochglanzbroschüren und durchgestylte Internetauftritte zeichnen nicht immer ein wahres Bild des Inneren eines Unternehmens. Zudem ist fraglich, ob in einem Vorstellungsgespräch die kulturelle Passung ermittelt werden kann. Sie auszuloten dauert eher einige Wochen. Aus meiner Sicht ist das eine weitere Hürde, die Unternehmen für Sie als Quereinsteiger, als Andersdenkenden aufbauen.

Brüche im Lebenslauf sind immer noch ein Handicap. Karrieren gehen bei uns immer steil gerade aus und für Brüche ist da kein Platz. Zu viel Zickzack zeigt zu wenig Zielstrebigkeit. Studienabbruch, zu lange Ausbildungszeiten, Beendigung des Arbeitsverhältnisses während der Probezeit, eine Fehlentscheidung bei der Jobsuche oder eine Auszeit (Sabbatical) werden mit Fragezeichen versehen. Unverständnis wird auch hervorgerufen, wenn Sie sich auf einen hierarchisch niedrigeren Job bewerben, zum Beispiel ohne Führungsverantwortung, nachdem Sie bereits geführt haben. Die Interpretationen lauten bei nicht belegten Zeiträumen von mehr als drei Monaten: Da kann doch was nicht stimmen, wahrscheinlich Burn-out. Bei kurzen Zeiträumen: Na, das hat wohl nicht geklappt. Sie sehen, für Personaler gibt es offenbar keine positiven Erläuterungen.

»Wann immer es ein Fragezeichen gibt, beantworten wir es eher negativ.«
Human-Resources-Verantwortlicher

Zeigt her eure Lücken

Über Lücken im Lebenslauf stolpert jeder Recruiter, wenn sie länger sind als drei Monate. Jede längere Lücke bedeutet Verlust von Kompetenz, Wissen und Employability (Arbeitsfähigkeit) in den Augen der Entscheider. Dabei ist es relativ egal, was diese Lücke, diesen Knick verursacht hat. Bei Lücken stellt sich immer zuerst die Frage nach dem Zeitraum, der seit der letzten

Aktivität vergangen ist. Bei Knicken ist es die Frage nach der Erklärbarkeit, dem Sinn, der Einordnung in das Gesamtbild – also den roten Faden.

Bei Lücken hängt die Einschätzung von der Zeitdauer seit der letzten Beschäftigung ab. Je größer die Lücke, desto höher fällt der Erklärungsbedarf aus. Während ein Zeitraum von bis zu drei Monaten noch unter die Akzeptanzlücke fällt, werden längere Zeiträume kritisch betrachtet. In den Augen von Personalentscheidern nehmen Fachkompetenz und Leistungsmotivation im Lauf der Nichtbeschäftigung ab und sogar die Persönlichkeit verändert sich.

Ist man weniger als ein Jahr nicht beschäftigt, lautet die Diagnose schnell:
- fachlich nicht mehr auf dem neusten Stand,
- Erfolgsorientierung und Zielstrebigkeit werden als eher gering eingestuft,
- persönlich sind Sie dann wenig ehrgeizig.

Dauert die Auszeit länger als ein Jahr, dann werden kritischere Symptome gesehen:
- fachlich wird Ihnen starker Kompetenzverlust bescheinigt,
- Zielstrebigkeit wird Ihnen noch weniger zugeschrieben,
- persönlich wird Ihnen der Ehrgeiz eher abgesprochen beziehungsweise die Konzentration auf die Familie attestiert, oder bei Krankheit auch eine Kritik an Ihrer Lebensweise laut.

Richtig kritisch werden Lücken von mehr als drei Jahren gesehen:
- Kompetenzverlust auf ganzer Linie
- keine Karriereorientierung
- abhängig von der Ursache: Sie sind labil, nicht verantwortungsbewusst, nicht belastbar.

Was sonst noch knicken kann

Doch auch wenn Sie ständig arbeiten und Ihren Job wechseln, können Sie Fehler machen. Sehr kurze, zwei bis drei Jahre dauernde Arbeitsverhältnisse lassen annehmen, dass Ihr angesammeltes Fachwissen nicht sehr vertieft vorhanden ist, dass Unbeständigkeit Ihr Leben prägt und Sie vielleicht noch einer von denen sind, die ihren Traumjob suchen. Durchhaltevermögen und Karriereorientierung werden Ihnen eher nicht bescheinigt.

Jetzt aber kommt die Krux: Sind sie zu lange bei einem Unternehmen angestellt, wird davon ausgegangen, dass ihre Spezialkenntnisse nicht mehr auf dem neusten Stand sind. Sie sind unflexibel und bequem.

Kündigungen seitens des Arbeitgebers, vielleicht noch während der Probezeit, oh je, da ist dann einiges schief gegangen. Es hat sich womöglich gezeigt, dass Ihre Kenntnisse doch nicht ausreichen oder Ihr Engagement zu wünschen übrig ließ. Dass die Auswahl eventuell nicht wirklich gut war, davon ist eher nicht die Rede, denn Sie hätten ja auch merken können, dass der Job nichts für Sie ist.

Kündigen Sie gar selbst, ohne einen Nachfolgejob zu haben, ist das Unverständnis groß. Für den Arbeitgeber kann das heißen, dass es Probleme gab, dass Sie unmotiviert sind und wenig anpassungsfähig.

Hinzu kommen noch Bedenken, wenn Sie zu alt, zu hoch oder zu niedrig qualifiziert sind, vorher selbstständig waren. Und wenn kein roter Faden in Ihrem Leben erkennbar ist, werden Sie schwerlich für die erste Wahl gehalten.

Natürlich gibt es zu fast allen Aussagen auch positive Interpretationen, doch dass es dazu kommt, dafür sind Sie verantwortlich. Wie Sie das schaffen, dazu komme ich im letzten Teil des Buches.

Und dann zählt auch noch

Doch es gibt weitere Kriterien, die nirgends nachzulesen sind. Verantwortliche gaben in der Regel genaue Vorstellungen davon, wen sie einstellen wollen und zwar auch hinsichtlich Alter, Geschlecht und Herkunft. Da erzähle ich Ihnen nichts Neues?

Während ich als Personalvermittlerin gearbeitet habe, bekam ich den Anruf eines Unternehmers, der eine Assistentin mit Empfangsaufgaben suchte. Seine Vorstellungen brachte er klar und deutlich zum Ausdruck: Ausbildung ist klar, Englischkenntnisse, blond, keine Piercings, Tattoos oder so, keinen Dialekt, und möglichst nahe an 90/60/90. Seine Begründung war, dass seine Forderungen eng an sein Klientel, mit dem er arbeitete, geknüpft waren.

Nicht immer ist die Kundschaft eine Begründung für derlei Ansprüche, es spielen Erfahrungen, das bereits vorhandene Team oder persönliche Vorlieben eine Rolle.

Stellen Sie sich vor, Sie haben ein Team, in dem alles sehr harmonisch zugeht, alles läuft ruhig ab, es gibt keine Auseinandersetzungen und keine Reibereien, auch nicht in fachlicher Hinsicht. Im Teamergebnis zeigt sich, dass sich diese auf einer gleichbleibend mittleren Stufe eingependelt haben. Sie beschließen, hier muss frischer Wind rein. Im Auswahlprozess achten Sie daher auf einen Bewerber, der diese Fähigkeiten mitbringt.

Oder: In einer Abteilung ist immer wieder eine hohe Fluktuation, weil der Chef einen eher cholerischen Führungsstil an den Tag legt. Im Auswahlprozess achten Sie zukünftig mehr auf Bewerber, die einen stabilen Eindruck hinterlassen, denen Sie den Umgang mit diesem Chef zutrauen.

Sie sehen, im Auswahlprozess spielen auch Überlegungen eine Rolle, die Sie von außen nicht sehen können und nie sehen werden. Ich selbst wurde schon aus den unterschiedlichsten Gründen zu Gesprächen eingeladen, die nicht immer etwas mit meiner Berufsvita zu tun hatten. Einmal war es, weil ich in derselben Straße wohnte, wie der Entscheider. Oft wegen meiner Krimileidenschaft, die ich in meinem Lebenslauf beschreibe.

Es gibt aber auch eine Reihe von Auswahlpunkten, die Sie sehr wohl beeinflussen können:

Schau mir in die Augen ...

Ein ausschlaggebendes Kriterium ist immer noch das Foto. Sobald ein Foto auf der Bewerbung ist, wird der Betrachter stark dazu verführt, ein vorschnelles Urteil abzugeben. Denn »ein Bild sagt mehr als tausend Worte« ist eben nicht nur eine Floskel. Jeder lässt sich von äußeren Merkmalen leiten, davon ist auch ein Personalentscheider nicht befreit. Wer in kürzester Zeit eine Entscheidung fällen muss, der schaut eben lieber ins Gesicht statt auf den Text, zumindest im ersten Schritt. Auch wenn von vielen inzwischen die Bedeutung des Fotos dementiert wird, spricht die Praxis eine andere Sprache. Wer also glaubt, dass das Foto seine Bedeutung verloren habe und die Auswahl ausschließlich aufgrund von Noten und Expertisen erfolgt, der ist naiv.

Bei der Auswertung des Nutzerverhaltens hat die Jobbörse absolventa festgestellt, dass Profile mit Foto dreimal so viel angeklickt werden, wie Profile ohne Foto. Bekommen Personaler eine Bewerbung ohne Foto, fragen sie sich, ob bewusst oder nicht, warum der Bewerber das Foto weggelassen hat. Dabei geht es gar nicht um Schönheit oder Perfektion. Sympathie, Kompetenz und Persönlichkeit sind die ausschlaggebenden Faktoren.

Eigentlich sollte man in Zeiten drohenden Fachkräftemangels davon ausgehen, dass die Auswahlkriterien überdacht würden. Ja, da gebe ich Ihnen recht, doch die Erfahrung zeigt, dass es längst nicht überall der Fall ist.

Erinnern Sie sich an Harald J.? Sobald ein Chef seine Bewerbung auf den Tisch bekam, hieß es: selbstständig, der lässt sich nichts mehr sagen, der ist festgefahren in seinen Ansichten – ablehnen.

Und wie erging es den Bewerbungen von Matthias? Bewarb er sich in einer anderen Branche, lautete die Aussage: keinen Branchenhintergrund, wie will der unsere Mitarbeiter führen, wenn er nicht weiß, worum es bei uns geht. In der gleichen Branche kannte man ihn und hatte seinen schleichenden Niedergang miterlebt – also kein Interesse. Dann kamen die Bewerbungen unterhalb seiner ehemaligen Position: wenn er sich unter seiner Position bewirbt, dann war da vorher etwas faul, zu weit weg vom operativen Geschäft, können wir nicht bezahlen – danke nein.

Was haben Sie gemacht?

Auch Lebenslauf und Anschreiben bieten dem Arbeitgeber viel Angriffsfläche. Wenn er nicht erfährt, was Sie ihm zu bieten haben, wird er Sie ablehnen. Keine Infos über Tätigkeiten – ablehnen. Kein roter Faden – ablehnen.

Erwartet wird, dass Sie sich in das Unternehmen hineindenken, erkennen und zeigen, was Sie zum Unternehmenserfolg beitragen können. Er will nicht alles über Sie wissen, sondern nur das, was für sein Unternehmen und die zu vergebende Stelle von Bedeutung sind. Durch umfangreiche Aufsätze oder mehrseitige Lebensläufe quält er sich grundsätzlich nicht.

Mit einer knappen, aussagekräftigen und übersichtlichen Darstellung der relevanten Fähigkeiten und Erfahrungen schaffen Sie es auf den Stapel: Interessant.

Fazit

In der Regel wissen Sie nicht, wer über Ihre Bewerbungen entscheidet. Es gibt viele Gründe, die für, aber auch genug, die gegen einen Kandidaten sprechen. Eine große undifferenzierte Streuung bringt eher Frust als Erfolg. Genaue Kenntnis über die eigenen Erfahrungen, Kenntnisse und Neigungen gepaart mit einer gründlichen Recherche der Marktsituation und eine zielgenaue Bewerbung gelangen ans Ziel.

Teil IV:
Als Patchworker zum Erfolg

Du musst an Deinen Softskills arbeiten!

LEXA'16

»Karriere« kommt aus dem Französischen und bedeutet dem Wortsinn nach: Fahrstraße. Der Begriff umfasst somit eigentlich jede berufliche Laufbahn unabhängig von Ansehen, Position und Status. »Karrierestrategie« in diesem Sinne heißt, sich auf seine Fähigkeiten und Neigungen zu besinnen, sie mit den Erfordernissen des Marktes abzustimmen und so erfolgreich zu sein. Wenn Sie diese drei Faktoren in Übereinstimmung bringen und sich zu einem Problemlöser entwickeln, stehen Ihnen auch mit einem Patchwork-Lebenslauf die Türen offen.

Ich möchte Ihnen zeigen, wie Sie praktisch zu neuen beruflichen Positionen, zur Selbstständigkeit oder an einen ganz neuen Job kommen, was Sie beachten und wissen sollten und wie Sie gezielt vorgehen können.

Brüche, Knicke und Fallstricke treffen zukünftig auf Megatrends in einem System, das noch dem alten Karrierebegriff anhängt. Eine schier unlösbare Aufgaben denken Sie? Ehrlich – ganz einfach ist es nicht. Es bedarf sorgfältiger Beschäftigung mit sich selbst, den eigenen Fähigkeiten, Neigungen und Wünschen. Sie müssen sich klar machen: »Was kann ich?«, »Wer bin ich?« »Was will ich?«, bevor Sie es jemand anderem glaubhaft und attraktiv vermitteln können. Und genau darum geht es, das Vertrauen in die eigene Persönlichkeit, das eigene Können. Denn nur mit dem Wissen um sich selbst und dem Vertrauen in sich selbst erobern Sie den Arbeitsmarkt – auch mit einem Patchwork-Lebenslauf.

Wie Ihre Karriere verläuft und ob Sie einen Job finden, ist sehr stark von Ihrer Einstellung abhängig. Immer wieder werde ich mit Denkmustern konfrontiert, die eine erfolgreiche Jobsuche vereiteln. Wenn auf Ihre Bewerbungen immer wieder Absagen kommen, obwohl Sie sich auf alle möglichen Stellen bewerben, obwohl Sie Ihre Gehaltsvorstellungen nach unten korrigiert haben und obwohl Sie sich an alle Tipps halten, stellen sich Fragen ein. Fragen wie: Liegt es am Alter, an fehlenden Kenntnissen, am fehlenden roten Faden? Ihre Antwort auf diese Fragen sind das Zünglein an der Waage, wenn hier zu einer schwierigen Situation auf dem Arbeitsmarkt noch Zweifel an sich selbst aufkommen, ist der Erfolg Ihrer Bemühungen gefährdet. Also denken Sie um.

Ich bin nicht zu alt!

Vierzig ist das neue fünfzig, sagte mir neulich eine Klientin. Sie war gut qualifiziert, neununddreißig und sie fühlte sich zu alt für einen beruflichen Wechsel. Sie war überzeugt, gegen die Jüngeren keine Chance zu haben. Eine Ansicht, die ich immer öfter höre, normalerweise allerdings erst jenseits der Vierzig. Auch wenn die Befürchtung sich in diesem Fall nicht bewahrheitet hat, ist doch ein gewisser Jugendwahn bei den Einstellenden zu beobachten. Bewerber mit 50+ werden schneller aussortiert. Eine Entwicklung, die angesichts des beklagten Fachkräftemangels unverständlich ist.

Doch wann Sie zu alt sind, entscheiden Sie. Wahrscheinlich ist, dass Sie mit den klassischen Methoden der Bewerbung weniger erfolgreich sind. Doch mit der richtigen Haltung und gezielten Bewerbungsstrategien können Sie weiterhin auf dem Arbeitsmarkt mitmischen.

Wechseln Sie dazu einmal die Perspektive und denken an Ihre Erfahrungen, Ihre Kenntnisse und an das, was Sie schon alles geschafft haben. Sie haben sich mit Sicherheit schon öfter in neue Aufgaben oder Jobs einarbeiten müssen. Sie haben auch schon einige Chefs in Ihrer Laufbahn erlebt, sich mit verschiedensten Kollegen zusammenraufen müssen. Um all das zu bewältigen, sind Fähigkeiten, Eigenschaften und Kenntnisse erforderlich, die sie wiederholt eingesetzt haben. Das sollten Sie sehen, wieder sehen lernen. Holen Sie Ihre Erfolge einmal hervor: Projekte, die Sie erfolgreich abgeschlossen haben, Kundenbeziehungen, die Sie langfristig am Laufen halten, Ziele, die Sie erreicht haben, beruflich oder privat. Haben Sie Kinder groß gezogen, ein Haus gebaut, sind umgezogen oder haben Hobbys, in denen Sie erfolgreich sind?

Eine Klientin berichtete mir stolz von ihren Erfolgen als Pistolenschützin – wunderbar, denn auch hier sammelt sie Erfahrungen und erzielt Ergebnisse. Konzentration auf den Punkt, Unterstützen der Mannschaftskameraden, Organisation der Wettbewerbe: Alles zahlt auch auf den Job ein. In Verbindung mit ihrem Beruf als technische Zeichnerin bedeutet das: exaktes Arbeiten (Treffsicherheit und Konzentration), Abstimmung mit Auftraggebern und Ingenieuren (Unterstützung von Mannschaftsmitgliedern) und Arbeitsorganisation bei unterschiedlichen Projekten. Das führt zu einer exakten, termingerechten und umfassenden Zeichnung. Bei ihren neuen Arbeitgebern kam das gut an.

Auch wenn wir uns meist schwertun, über Erfolge zu sprechen, über Talente und Fähigkeiten, glaube ich, dass Ihnen Ihre Erfolge bewusst sind. Vielleicht sehen Sie sie nur nicht als Erfolge. Was ist das schon Besonderes, ist die Reaktion, wenn ich diese Fragen im Coaching anspreche. Das kann doch jeder, das ist nun mal so, wenn man lange arbeitet. Genau hier ist aber die Denkfalle. Ist wirklich alles, was uns leicht fällt, nichts Besonderes? Alles, was wir gut können, was Routine geworden ist, ist normal, man spricht nicht mehr darüber und vergisst es. Doch das heißt nicht, dass es für jeden Normalität ist, für andere ist es etwas Besonderes und für Arbeitgeber vielleicht genau das, was sie brauchen. Ihre Erfahrungen und Ihr Wissen sind Ihr größter Schatz. Sie lassen Sie mit Herausforderungen gelassen umgehen, sie lassen Sie Lösungen finden, wenn andere längst verzweifeln.

Ich verbinde es gern mit der Geschichte von dem Kind, das lesen lernt. Noch bevor das Kind anfängt zu lesen, erzählt es allen Eltern, Großeltern, Geschwistern und Nachbarn: »Ich lerne lesen, weißt Du schon, ich lerne lesen.« Von Beginn an erlebt das ganze Umfeld jeden Entwicklungsschritt, weil es vorgelesen bekommt, erst Worte und später ganze Texte. Im Lauf der Zeit werden die Vorlesestunden immer weniger und hören irgendwann ganz auf. Lesen ist etwas Selbstverständliches geworden. Das ist so lange der Fall, bis der Mensch einen Analphabeten trifft, für den Lesen etwas ganz Besonderes ist, dann blitzt für einen Moment diese Besonderheit des Könnens auch bei Ihnen auf. Halten Sie diesen Moment fest.

Machen wir eine kleine Übung. Schreiben Sie auf, was Sie ganz besonders gut können. Das hört sich vielleicht einfach an, aber für viele Menschen ist es nicht so leicht, sich darüber bewusst zu werden, was sie gut können. Wie sieht Ihre Liste aus? Steht da: »Ich kann gut zuhören«, »Ich bin teamfähig« oder »Ich bin gewissenhaft«? Ja, dann geht es Ihnen wie neunzig Prozent meiner Coachees. Doch ist das ausreichend kompetent? Hört sich das für Sie so an? Gegen diese Fähigkeiten und Eigenschaften ist nichts einzuwenden, sie sind wichtig und gut und gehören doch wie selbstverständlich zu einem netten, umgänglichen Kollegen. Doch was können Sie wirklich gut?

Gehen wir mit Britta auf die Suche nach Ihren Fähigkeiten. Britta kam ins Coaching, weil sie sich in ihrem Umfeld nicht mehr wohlfühlte, sie hatte das Gefühl, nicht zeigen zu können, was in ihr steckt und den Sinn ihrer Arbeit erkannte sie schon eine ganze Weile nicht mehr. Auf ihrer Liste standen organisieren, moderieren und die Fähigkeit Sprachen zu lernen. Sich daraus ein neues Berufsbild zu schaffen, fiel schwer. In der Zusammenarbeit fanden wir heraus, dass Britta sehr gut moderiert, und zwar Großgruppen mit bis zu zweitausend Menschen. Sie war in der Lage durch einen Entwicklungsprozess zu führen und alle Teilnehmer einzubinden, Teilergebnisse zu sammeln und zu Gesamtaussagen zusammenzuführen. Sie organisierte in diesem Zusammenhang Teilaufgaben, Gedankenaustausche und Kompetenzrunden unter Nutzung verschiedener sogenannter Großgruppenmethoden wie World Café, Open Space und so weiter. Besonders erfahren war sie bei der Begleitung von Veränderungsprozessen. Das liest sich schon anders, oder? Damit kann Britta zum Beispiel als Change Agent arbeiten und Unternehmen bei der Erarbeitung von Unternehmensleitbildern, bei Fusionen und bei der Einführung neuer Managementmethoden unterstützen. Sie schafft es, neben den Führungskräften alle Mitarbeiter einzubinden, die Akzeptanz für die Veränderungen zu erhöhen und kann so eine erfolgreiche Umsetzung erreichen.

Vielleicht zeigt Ihnen dieses Beispiel, wie Sie bei der Suche nach Ihren Fähigkeiten und Talenten noch besser vorgehen und Ihre eigenen Besonderheiten finden können. Jeder kann viele Dinge, die besonders sind und die nicht jeder Mensch in der Kombination und Ausprägung mitbringt.

Denkanstoß:
Was sind Ihre Besonderheiten, Ihre Fähigkeiten? Kennen Sie sie?

Wo bringe ich mich ein?

Nach der Frage nach dem Was steht die Frage nach dem Wo an. Denn Ihre Fähigkeiten und Kenntnisse können sie nur dort effektiv und zu Ihrer Zufriedenheit einsetzen, wenn das Umfeld stimmt. Das Umfeld sind Kulturen, Strukturen, Menschen und Orte, die zu Ihnen passen sollten. Sonst kann es Ihnen wie Marianne ergehen.

Kultur entscheidet mit

Marianne, fünfzig, fand einen Job in einer Social-Media-Agentur. Sie arbeitete für ihre vorherige Firma schon lange mit den Social-Media-Tools und vertiefte dieses Wissen nach ihrer Kündigung durch gezielte Qualifizierungen. Im Anschluss erhielt sie eine neue Anstellung in einer Agentur. Sie arbeitete sich ein, musste sich aber an Klima und Stil der Arbeit in einer Agentur erst gewöhnen. Es fiel ihr nicht so leicht, wie gedacht. Die Schwierigkeiten begannen, als deutlich wurde, dass ihre Chefin, einunddreißig, nicht mit ihr kommunizieren konnte. Sie traute sich nicht, Marianne Aufgaben, Anweisungen und Feedback zu geben. Die Kommunikation erfolgte ausschließlich über Mails. Für Marianne war dies kaum auszuhalten, da der Umgang in der Agentur sonst eher familiär und offen war. Gespräche mit der Chefin führten zu keiner Änderung im Verhältnis der beiden. Zum Ende der Probezeit verließ Marianne das Unternehmen.

Für Marianne wurde klar, dass sie sich in einem anderen Umfeld umsehen musste. Aufgrund ihres Interesses für Politik und Bildung konzentrierte sich Marianne in ihren nächsten Bewerbungsschritten auf öffentliche Arbeitgeber, Verbände und Stiftungen. Kaum sechs Monate später fand sie eine Anstellung in einer Stiftung, die sich mit Digitalisierung in der Bildung beschäftigt.

Mariannes Beispiel macht deutlich: Nicht jeder passt in jedes Unternehmen, in jede Kultur und jede Branche. Auch wenn ich hier für einen offeneren Umgang plädiere, bin ich doch dafür genau auszuloten, wo Sie hineinpassen. Eine akademische Laufbahn ist anders, als in einem Wirtschaftsunternehmen zu arbeiten und eine streng hierarchische Ordnung verlangt andere Eigenschaften als eine ohne Führungskräfte.

Was wollen Sie?

Wenn Ihnen die Antwort auf diese Fragen leicht fällt, überstehen Sie jedes Vorstellungsgespräch.

Wie kommen Sie an eine Stelle? Natürlich können Sie sich auf ausgeschriebene Stellen bewerben, doch dann konkurrieren Sie mit den Jungen. Dabei ziehen Sie im Moment noch häufiger den Kürzeren. Meine Empfehlung ist, gehen Sie über Netzwerke.

Vor Kurzem übernahm ich eine Aufgabe in einem Outplacementprojekt. Die Teilnehmer waren mehrheitlich über fünfzig. Einer meiner ersten Tipps an sie war, aktivieren Sie Ihr Netzwerk. Lassen Sie ehemalige Kollegen, Kunden, Zulieferer und Freunde wissen, dass Sie suchen und was Sie suchen. Knapp fünf Monate später hatten sechzig Prozent einen neuen Job.

Initiativ aber nicht blind?

Auch eine Initiativbewerbung kann eine Chance sein. Nicht alle Stellen werden sofort ausgeschrieben, bei manchen setzt man auf Mitarbeiterwerbung oder aber auf Bewerberinitiativen. Wenn Sie diese Option nutzen, bewerben Sie sich in der Fachabteilung. Hier treten die Vorbehalte gegen Ihr Alter oft hinter die Erfahrungswerte, die Sie mitbringen, zurück. Auch wenn Initiativbewerbungen teilweise umstritten sind, sie keinen sehr langen Atem haben, werden doch immer wieder Stellen aus diesem Fundus besetzt. In der Regel wirken Sie dann, wenn innerhalb der nächsten drei bis vier Monate eine Stellenbesetzung geplant ist. Doch dann können Sie erneut eine Initiativbewerbung abschicken.

Initiativbewerbung wird häufig mit Blindbewerbung gleichgesetzt, doch das ist nicht der Fall. Initiativ heißt, dass Sie die Initiative ergreifen. Aus Ihrer Bewerbung muss deutlich hervorgehen, welchen Nutzen Sie dem Unternehmen stiften können. Das Unternehmen und seine Probleme zu kennen, ist genauso wichtig, wie den konkreten Ansprechpartner. »Meine sehr geehrten Damen und Herren«, fliegt genauso aus dem Rennen, wie eine ungenaue Darstellung Ihrer Fähigkeiten und Kenntnisse.

»Ich bewerbe mich bei Ihnen für den kaufmännischen Bereich ...«, ist keine Formulierung, die Erfolg verspricht. Sie sagt dem Leser: Hey, schau mal nach, wo du mich einsetzen kannst. Ich überlasse die Entscheidung dir. Die Zeit nimmt sich kaum ein Verantwortlicher, schon gar nicht, wenn genügend Bewerber zur Verfügung stehen.

»IT-Administrator 1st-Level mit mehrjähriger Erfahrung in der Banken- und Versicherungsbranche« kann dagegen schon zu einer Einladung führen, natürlich vorausgesetzt, es ist eine Stelle zu besetzen.

Aber auch, wenn Sie es schaffen, Ihren Nutzen für das Unternehmen überzeugend dazustellen, ohne dass der Bedarf bisher schon so genau definiert wurde, habe ich erlebt, dass Jobs neu geschaffen wurden, Branchenwechsel klappen und das Alter keine Rolle mehr spielt.

Ist das alles wirklich nötig?

Die häufigste Bewerbung wird aber immer noch auf ausgeschriebene Stellen abgeschickt. Stellenanzeigen werden durchforstet, manchmal täglich. Marker für bestimmte Berufsgruppen in den Anzeigenportalen sorgen dafür, dass der Nachschub ins Haus geliefert wird. Die Auswahl an Positionsbezeichnungen wird dabei recht groß gefasst, um einen hohen Ausstoß zu erzielen. Dann lesen Sie die Anzeigen und die Ernüchterung folgt: »Das, was die alles wollen, kann ich nicht.« Auch wenn der Jobtitel zu passen scheint, schüchtert der Blick auf die Anforderungen ein. Abschlüsse, Berufserfahrungen, Sprachkenntnisse, Auslandsaufenthalte summieren sich zu einem fast unüberwindlichen Berg. Das schreckt ab und macht klein.

Mein Tipp ist: Prüfen Sie Anforderungen, Job und Unternehmen. Was steckt wirklich hinter der Anzeige? Müssen Sie alles mitbringen, was da drin steht? Sie erinnern sich, wie Anzeigen oft entstehen. Also nehmen Sie sie auseinander. Bedenken Sie, mehr als sechzig, siebzig Prozent werden meist nicht erwartet. Schauen Sie genau hin und überlegen, was können Sie aus Ihren bisherigen Erfahrungen übertragen? Was bedeutet es, wenn Sie statt vier nur zwei Jahre Berufserfahrung aufweisen können? Wie gut sollten die Sprachkenntnisse wirklich sein? Können Sie mit Ihrer praktischen Erfahrung ein Studium aufwiegen?

Gerade Hochschulabsolventen geraten hier schnell in die Erfahrungsfalle: Praktika und Nebenjobs zählen auch als Berufserfahrung.

Wenn Sie die Stelle wirklich haben wollen, überzeugen Sie den Arbeitgeber von sich. Zeigen Sie, dass Sie die Aufgaben lösen können. Viele Bewerber halten sich an den Anforderungen fest, ja, die sind auch wichtig. Wichtiger ist dem Arbeitgeber jedoch, dass Sie die in der Ausschreibung dargestellten Aufgaben lösen können. Beweisen Sie es ihm!

Erfahrung versus Studium

In einer Stellenausschreibung war ein Psychologiestudium für den Job einer Referentin für Personalentwicklung gefordert, es stand in der Ausschreibung an erster Stelle und war somit unabdingbar. Susanne hatte nicht studiert, arbeitet aber bereits seit acht Jahren in der Personalentwicklung. Sie kannte sich mit Testverfahren genauso gut aus, wie mit Laufbahn- und Nachfolgeplanung, beherrschte sämtliche Methoden, hatte ein Netzwerk aus wirklich guten Dozenten und bewies Geschick in der Auswahl der passenden Bewerber für interne Stellenbesetzungen. Trotzdem erhielt sie eine Ablehnung wegen des fehlenden Psychologiestudiums. Sie ließ sich davon jedoch nicht entmutigen und rief an. Es folgte ein sehr aufschlussreiches Gespräch mit dem Human-Resources-Manager des Unternehmens, in dem sich herausstellte, dass die Auswahl der Unterlagen tatsächlich in erster Linie auf dem Studium begründet war und weitere Informationen erst im zweiten Schritt angestanden hätten. Einige Wochen später klingelte das Telefon und der HR-Manager des Unternehmens, von dem sie abgelehnt worden war, lud sie zu einem Gespräch ein. Die Kandidatin, die ursprünglich ausgewählt worden war, hatte einen Rückzieher gemacht und Susanne bekam den Job.

Herausfinden können Sie das entweder mit einem solchen Vorabgespräch und ganz sicher, indem sie sich mit der Stelle und dem Unternehmen wirklich auseinandersetzen. Finden sie heraus, wo die Stelle in der Organisation eingepasst ist, beschäftigen sie sich mit den Aufgabenstellungen und überlegen Sie genau, welche Fähigkeiten sie zur Lösung anbieten können. Informieren Sie sich, wo das Unternehmen agiert und wie es tickt. Nur dann können Sie, besonders auch als Patchworker, gezielte und individuelle Bewerbungsunterlagen erstellen – vorausgesetzt es steht nicht im Widerspruch zu Ihren eigenen Vorstellungen und Werten.

Den roten Faden finden

Mit der Kenntnis der eigenen Besonderheiten und der Erkenntnis, wie Anzeigen gelesen werden, kommen wir noch mal auf die Geschichte der Quiltdecke zurück. Das Bild hilft uns einen roten Faden zu finden, Quiltdecken waren im Mittelalter Decken, die aus mehreren unterschiedlichen Fetzen Stoff zusammengenäht wurden. Einer Näherin stand oft eine begrenzte Auswahl an Patches (Flicken, Fetzen) zur Verfügung, jeder musste also auf seinen Platz im Quilt geprüft werden. Das war aber nur möglich, wenn die Näherin ein Muster vor Augen hatte. Ein Muster, in das sie die Flicken einpassen konnte.

Und genau so entsteht der rote Faden Ihrer Laufbahn. Sie bestimmen, welche Bedeutung Sie Ihren einzelnen Stationen beimessen. Sie bestimmen, was wie in welche Zukunft eingeht. Das hat nichts mit Rechtfertigung zu tun und auch nicht mit passend machen. Sondern es ist ein selbstbewusster und selbstbestimmter Umgang mit Ihrem Berufsleben und den sollten Sie niemandem überlassen, der bleibt in Ihrer Hand. Sicher, krumme Lebensläufe sind für Entscheider nicht leicht verständlich, aber sie sind keinesfalls schlechter als zum Beispiel der eines aufstrebenden Marketingexperten mit geradlinigem Lebenslauf, bestehend aus Studium und fünf Jahren einschlägiger Berufserfahrung.

Michael, 47, Erfolgsstory eines Jobhoppers

Michael stand vor dem Problem, einen sehr bunten Lebenslauf zu haben. Er hatte Fahrzeugschlosser gelernt und war kurz nach der Ausbildung in einen Verwaltungsjob gerutscht. Die Firma ging nach drei Jahren in die Insolvenz. Für Michael begann eine Odyssee zuerst als Kurierfahrer, als Hausmeister und dann arbeitete er als Fußbodenleger. Hier erwischte ihn ein Bandscheibenvorfall, der seinen handwerklichen Jobs ein Ende bereitete. Es folgte eine Umschulung zum Fitnesskaufmann und eine anschließende Anstellung als Buchhalter in einem Fitnessstudio, das sich wirtschaftlich nicht halten konnte. Michael stand nach sechs Jahren wieder ohne Job da. Inzwischen Mitte vierzig, war an eine Anstellung im Fitnessstudio nicht mehr zu denken, nicht mal als Buchhalter. Eine neue Weiterbildung im Bereich Personalwesen sollte die erhoffte Wende bringen, aber nichts da. Eine eingehende Beschäftigung mit seinen Fähigkeiten brachte ihn auf einen neuen Gedanken.

Michael hatte viel Erfahrung im Handwerk, in der Buchhaltung und er besaß Kenntnisse im Personalbereich. Da er viel mit Kunden zu tun hatte, war er auch in der Akquise, Kundenbetreuung und der Angebotserstellung firm. Er entschied sich außerdem, sein Talent für Unterhaltung und öffentliches Reden, das er als Vereinsvorsitzender oft nutzte, in den neuen Job mit einzubringen. Er beschloss, als Dozent in der Ausbildung für Handwerksberufe zu arbeiten und bewarb sich. In seinem Kompetenzprofil stellte er diese Fähigkeiten gezielt dar, sodass auch der Schulleiter diesen Zusammenhang erkennen konnte und Michael gelang der Wiedereinstieg.

Sie sehen, manchmal muss man dem Gegenüber auf die Sprünge helfen. Sie müssen ihn sehen lassen, was Sie selbst sehen. Das ist eine Aufgabe, die nur Sie erledigen können.

Der respektierte Studienabschluss

Manchmal scheint aber nicht mal die Basis zu dem angestrebten Job zu passen. Wirtschaft, Jura und Psychologie sind die gewünschten Abschlüsse.

Geschichte, Germanistik, Archäologie, Philosophie sind eher Studienfächer für spätere Taxifahrer? Glauben Sie das wirklich? Vielleicht haben es Absolventen der Wirtschaftsstudienfächer leichter. Trotzdem hatte Ihr Studium etwas Gutes, Sie haben gelernt, sich Wissen anzueignen und zu verarbeiten. Sie haben gemerkt, welche Fachbereiche Ihnen den meisten Spaß gemacht und welche Aktivitäten Sie begeistert haben. Schauen Sie mit dem Blick der Quiltnäherin darauf, welche Fetzen sich zur Weiterverwendung eignen. Ist es das Praktikum in der Klinik? Oder setzen Sie lieber auf die Artikel, die Sie in der Unizeitung verfasst haben? Haben Sie als Geisteswissenschaftler an einem Unternehmensprojekt mitgearbeitet? Suchen Sie sich diese Stücke aus Ihrem Studium und setzen sie als Erste in den Quilt Ihres Lebens. Denken Sie immer daran, Sie entscheiden, was Sie nutzen! Auch Studienabbrüche sind ein Thema, das mir immer wieder begegnet. »Ich habe neben dem Studium angefangen zu arbeiten und bin immer tiefer reingerutscht. Irgendwann habe ich mein Studium aufgegeben. Ich hatte immer vor, zu Ende zu studieren, aber Sie wissen ja, wie das ist.«

Na und! Entscheiden Sie sich. Sie können ihrem unvollendeten Studium jahrelang hinterhertrauern und sich so viele Chancen entgehen lassen. Überlegen Sie mal: Was Sie vor zehn Jahren gelernt haben, ist überholt. Denken Sie wirklich, dass ein Studienabbruch alles zunichte macht, was Sie seither geleistet haben? Legen Sie die Trauerbinde ab, zeigen Sie Ihre Erfahrungen, das bringt Sie voran.

Sie können sich aber auch dafür entscheiden, Ihr Studium wieder aufzunehmen und abzuschließen. Oder etwas anderes zu studieren. Dazu müssen Sie noch nicht mal Ihren Job aufgeben. Studieren nebenbei ist hart, kostet viel Zeit und Kraft, aber bevor Sie an keinem Studium scheitern, überlegen Sie es sich.

Sieht man sich erfolgreiche Menschen an, scheinen sie oft einen perfekten Lebenslauf zu haben. Es scheint manchmal so, als ob anderen alles gelingt, nur man selbst ist gescheitert. Doch ein Blick hinter die Kulissen zeigt, dass unsere Vorstellungen oft ein Trugbild sind. Und genau das zeigt ausgerechnet ein erfolgreicher Wissenschaftler aus Princeton anhand seines eigenen Lebenslaufes.

Jeder hat einen »CV (Curriculum Vitae) of failures«!

Bei einer Bewerbung und im Lebenslauf geht es darum, sich möglichst gut zu verkaufen. Daher sind in den Augen vieler Menschen Krisen und Phasen des Scheiterns tabu. Ein echter Mutmacher ist hierzu Johannes Haushofer, Junior-Professor für Psychologie an der renommierten amerikanischen Princeton University.

»Mit diesem Outing will Haushofer das aus seiner Sicht verzerrte Bild von ihm gerade rücken, wie er in der Einleitung seines »CV of Failures« schreibt. »Das meiste, was ich anfange, scheitert«, teilt er mit. Doch diese Misserfolge blieben meist unsichtbar. Daher hätten andere fälschlicherweise den Eindruck, ihm gelinge alles.« (Weise 2016)

So weit ist es bei der üblichen Bewerbung allerdings noch nicht, eine Biografie des Scheiterns wird Ihnen in der Regel keinen Job einbringen. Zu tief sitzt gerade in Deutschland das Mistrauen gegenüber Fehlern und Misserfolgen. Sie werden kritisch beäugt und meist als Versagen angesehen. Konzentrieren Sie sich also bei der Bewerbung besser auf ihre Erfolge. Dabei können und sollten Sie jede Erfahrung, die Sie gemacht haben heranziehen, auch wenn sie zunächst vielleicht keine berufliche Relevanz zu haben scheint.

Berufserfahrung, das Zünglein an der Waage

Autos stellen für mich seit jeher das Zusammenspiel von Technik, Kraft und Design dar. Sie begleiten mich bisher hauptsächlich in meiner Freizeit. Das möchte ich ändern. Ich habe Industriekauffrau gelernt und bringe erste Berufserfahrungen im Einzelhandel mit. Bereits während meiner Ausbildung habe ich die Arbeit im HR-Bereich kennengelernt und sie hat mich sofort begeistert. Um einen beruflichen Einstieg in die Personalarbeit zu bekommen, absolviere ich zurzeit eine Weiterbildung im Personalwesen. Dazu gehören neben der Erlangung von sozialrechtlichen und arbeitsrechtlichen Kenntnissen, auch die Lohn- und Gehaltsabrechnung, die Entwicklung sowie die Beschaffung. Jetzt strebe ich nach einer Verbindung von Interesse und Kenntnissen und suche einen neuen beruflichen Einstieg im Personalbereich ihres Unternehmens.

Anna fehlte die spezielle Berufserfahrung. Sie wollte aber unbedingt in der Automobilbranche arbeiten. In ihrem Anschreiben stellte sie die Motivation in den Vordergrund und es gelang ihr, den gewünschten Job zu bekommen. Ihre zukünftige Chefin begründete ihre Entscheidung so: »Die Arbeit können Sie lernen, was man nicht lernen kann, ist die Beziehung zum Produkt. Und wenn die da ist, setzen Sie sich doppelt so viel ein, um einen richtig guten Job zu machen.«

Denkanstoß: Zu welchem Produkt, welcher Dienstleistung oder auch welchem Unternehmen können Sie eine Beziehung aufbauen? Womit würden Sie sich auch beschäftigen, wenn niemand Sie dafür bezahlt?

Doch nicht immer kann eine Motivation zur Branche aufgebracht werden, manchmal machen sie einfach nur den Job gern. Dazu später mehr. Motivation spielt aber vor allem immer dann eine größere Rolle, wenn Sie etwas komplett anderes machen wollen, eine berufliche Neuorientierung ins Auge fassen.

Sich beruflich neu orientieren?

Auch wenn beim Quilten Stoffreste verwendet werden, sind sie doch keinesfalls Abfall. Sie finden ihren Platz, denn es ist schade, sie wegzuwerfen. Mit dem Satz: »Ich muss nehmen, was ich kriegen kann, werfen sie Ihre Berufserfahrung, Ihre Talente und Ihr Können weg.« Wollen Sie das wirklich?

Bewerber stolpern schnell in diese Falle, wenn sie schon länger auf der Suche sind. Dann machen Sie Abstriche an Gehalt, an Inhalten und an Anforderungen. Sie nehmen Stellen nach dem Prinzip an: Lieber der Spatz in der Hand als die Taube auf dem Dach. Einigen meiner Klienten wird ein solcher Rat auch aus dem näheren Umfeld gegeben. Sie werden regelrecht aufgefordert, sich doch endlich mit etwas Realem zufriedenzugeben und nicht einem Traum nachzujagen. Es fällt schwer, sich solchen Gedanken zu entziehen, wenn die Geldbörse leer ist.

Es gibt aber immer mehr Menschen, die sich nicht beirren lassen, die an ihrem Weg festhalten und auch Entbehrungen auf sich nehmen, um einen Job, der zu Ihnen passt, zu bekommen. Das müssen sie oft auch, denn ein solcher Weg kann lang sein. Berufliche Umorientierung erfolgt nicht in vier Stunden oder vier Wochen. In der Mehrzahl der Fälle gehen für die neue Arbeitsausrichtung sechs oder zwölf Monate ins Land, bis es mit dem passenden Job klappt. Manchmal ist auch eine neue Ausbildung erforderlich.

Das ist aber keineswegs ein langer Zeitraum, wenn bedacht wird, dass die Arbeitsagenturen auch für einen Jobwechsel in klassischen Karriereausrichtungen drei bis sechs Monate als normalen Zeitraum ansehen. Entscheidend ist gerade als Patchworker mit realistischen Erwartungen an eine Umorientierungsphase heranzugehen. Wer glaubt, in wenigen Monaten seine berufliche Ausrichtung umkrempeln zu können, wird nicht an den Anforderungen des Arbeitsmarktes scheitern, sondern an den eigenen Erwartungen, die einfach nicht erfüllbar sind. Die Folge sind dann schnell Enttäuschungen, Frustration, ein vermindertes Selbstwertgefühl und Selbstzweifel.

Durststrecken müssen einkalkuliert werden.

Eine Klientin begann nach einem erfolgreich abgeschlossenen Jurastudium noch mal ganz von vorn. Sie lernte Fotografin mit Lehrlingsgehalt und drei Jahren Lehrzeit. Ein weiterer Klient begann mit vierzig eine Ausbildung zum Physiotherapeuten. Es gibt sie, diese Geschichten der kompletten Neuorientierung, doch sie sind selten. Selten, weil sie viel Enthusiasmus,

Durchhaltevermögen und ein stabiles Umfeld erfordern. Sie brauchen jemanden an Ihrer Seite, der Ihnen immer wieder Mut macht und Ihren Weg mitgeht. Das können die Familie, gute Freunde oder auch ein Coach sein.

Einen sehr langen Weg hat Karl hinter sich gebracht

Karl liebt Zahlen, für ihn gibt es nichts Schöneres, als zu rechnen, zu tüfteln und mit Zahlen zu spielen. Gelernt hatte er jedoch Chemielaborant. In seinem Beruf arbeitet er schon lange nicht mehr. Er hat sich weiterentwickelt und sitzt jetzt in der Verwaltung als Projektmitarbeiter. Dann kommt die Nachricht, dass der Betriebsteil abgewickelt wird.

Im Coaching erzählt er von seiner Liebe zu Zahlen und nach eingehender Marktrecherche fasst er eine Umschulung zum Steuerfachangestellten ins Auge und absolviert auch ein Praktikum in dem Bereich. Danach steht sein Entschluss fest. Doch die Agentur für Arbeit macht ihm einen Strich durch die Rechnung: Bei ihm sei kein Ausbildungsbedarf vorhanden. Er arbeite zwar schon lange nicht mehr in seinem Lehrberuf, doch seit mehreren Jahren sei er in der Verwaltung tätig gewesen. Nur aus der Abwicklung seines Arbeitsplatzes ergibt sich für die Agentur für Arbeit keine Umschulungsnotwendigkeit. Damit ist Karl in einer Pattsituation: Trotz aller Mühe findet er in seinem erlernten Beruf als Chemielaborant keinen Anknüpfungspunkt mehr – er ist zu lange raus. In seinem letztem Tätigkeitsfeld im Verwaltungsbereich verfügt er aber über keinerlei Ausbildung und kann nur Erfahrungen vorweisen, die speziell in seinem altem Unternehmen gefordert waren. Karl nimmt allen Mut zusammen und kämpft für seinen Traum. Nach einem dreiviertel Jahr gibt die Agentur nach und genehmigt die Umschulung. Direkt nach dem Abschluss findet Karl eine Stelle in einem Steuerbüro und ist glücklich.

Karl hat es geschafft, er hatte sein Ziel klar vor Augen, er hatte Unterstützung von seiner Frau und einem Coach. Und trotzdem gab es auch bei ihm Zeiten, in denen er sein Vorhaben anzweifelte, in denen er nicht an eine

Lösung glaubte. Der Kampf mit der Arbeitsagentur zerrte an seinen Nerven. Karls Weg zeigt aber auch, dass es ein Ziel, einen Traum braucht, um Unsicherheiten und Zweifel zu überstehen, dass es jemanden an der Seite braucht, der aufrichtet und Mut macht, wenn er einen zu verlassen droht.

Nicht immer ist ein langwieriger Kampf erforderlich. Ines ging ihren Weg einfacher.

Ines startet neu durch

Nach einem Burn-out wollte Ines nicht in ihren Job als Abteilungsleiterin eines Konzerns zurück. Sie fühlte sich den Anforderungen nicht ganz gewachsen und suchte nach einer Alternative. Im Coaching kam zur Sprache, dass Sie Inneneinrichtungen und Dekoration liebte und ein gutes Auge für Farben und Formen hatte. Sie arbeitete gern alte Möbel auf und wurde von Freunden oft um Dekotipps gebeten. Ihre Gastgeschenke waren in der Familie und im Freundeskreis begehrt, da sie es immer verstand sehr individuelle Geschenke zum Teil selbst herzustellen und liebevoll zu verpacken. Die erste Freude über die gefundenen Interessen wich jedoch bald, da Ines sich nicht vorstellen konnte, auf Dauer handwerklich tätig zu sein. Als Betriebswirtin mit MBA liebte sie auch einen Teil der Aufgaben, die sie vorher innehatte. Unternehmerische Entscheidungen treffen, Kalkulationen durchrechnen sowie Budgetverantwortung. Im Coaching erarbeitete sie zwei Alternativen: Plan A war eine Firma zu gründen, die sich auf die Vermittlung von Inneneinrichtern, Dekorateuren sowie Malern spezialisierte analog zu Onlinehandwerker – oder Reinigungsplattformen. Plan B sah vor, sich in einem neuen beruflichen Umfeld entsprechend ihrer Interessen mit gleichem Aufgabenbereich zu bewerben. Nach einer Analyse des Stellen- und Konkurrenzmarktes entschied sie sich für Plan A und innerhalb von vier Wochen standen Businessplan, Finanzplan und Marketing. Sie ging an den Start. Ines gab sich drei Jahre Zeit, das Business zum Erfolg zu führen.

Beide Beispiele zeigen, dass eine klare Vorstellung von dem, was der nächste berufliche Schritt werden soll, eine wesentliche Voraussetzung für das Losgehen ist. Für das Dranbleiben, zur Überwindung von Durststrecken und sich zu entscheiden, wenn es schwieriger wird, braucht es mehr.

Träume, Visionen und Ziele machen mobil

Träume und Visionen? Ja, Sie haben richtig gelesen, Träume und Visionen sind wichtig, wenn es darum geht, in der Realität etwas zu erreichen.

Es gibt eine Übung dazu, in der sich Jobwechsler ihren Arbeitsalltag mit all den kleinen und doch so wichtigen Details vorstellen, wie sie ihn in fünf oder zehn Jahren erleben wollen. Das kann als Geschichte erzählt, als Bild dargestellt (Visionboard) oder als Collage arrangiert werden. Die Vision beinhaltet unter anderem Elemente zu dem Arbeitsumfeld, zu Kollegen und Aufgaben.

Ines Vision sah wie folgt aus: Sie sieht sich in einem kleinen, liebevoll eingerichteten Büro sitzen. Neben ihrem Schreibtisch gibt es eine Besucherecke, in der sie Beratungsgespräche mit Kunden durchführt oder einem Team aus freien Mitarbeitern Aufträge bespricht. Ihre Anwesenheitszeiten legt sie selbst fest und die Menschen, mit denen sie die Projekte umsetzt, sucht sie sich sorgfältig aus. Sie legt dabei Wert auf Qualität und Kreativität. Den Schreibkram kann sie an zwei oder drei Nachmittagen in der Woche auch zu Hause erledigen. Sie hat sich mittlerweile einen Namen gemacht, der für individuelle, kreative Lösungen steht, bei denen die Chefin die letzte Hand anlegt.

Skeptiker unter Ihnen höre ich jetzt sagen, ja, wenn man selbstständig sein will, dann kann man sich das eher wünschen. Ob es dann allerdings eintrifft, steht doch in den Sternen.

Aber auch Karl hatte seine Vision von einem kleinen Steuerbüro in der Nähe seiner Wohnung, in dem er auch in seinem Alter noch lernen kann. Er wünscht sich Kollegen und Chefs, die ihm zur Seite stehen, ihm Zeit lassen sich einzuarbeiten und ihm bei kniffligen Fragen weiterhelfen.

Beide sind sich im Klaren, dass sich diese Visionen vielleicht nicht komplett umsetzen lassen. Aber sie inspirieren und lassen in konkreten Situationen die anstehenden Entscheidungen leichter fallen. So entschied sich Karl gegen ein Arbeitsangebot, weil sich im Rahmen von zwei Probearbeitstagen, die er selbst vereinbart hatte, zeigte, dass die Chemie zwischen ihm und den beiden anderen Kollegen nicht stimmte.

Eine andere Klientin suchte gezielt nach einem Arbeitsumfeld, in dem sie zwischen technisch begeisterten Umsetzern und deren Kunden eine erfolgreiche Kommunikation aufbauen konnte.

Doch sie haben recht, nur vom Traum oder der Vision können Sie nicht leben. Dazu bedarf es eines konkreten Ziels und einer Planung, die in Teilzielen schrittweise erfolgt.

So hieß das für Karl zum Beispiel zuerst zu recherchieren, ob es eine Nachfrage in den Steuerberufen gibt. Zur Überzeugung der Arbeitsagentur sammelte er dazu Stellenanzeigen. Dem fügte er Ausbildungsangebote hinzu und eine Liste mit Steuerbüros, in denen er den praktischen Teil der Ausbildung absolvieren konnte. Teilziel eins war die Bewilligung der Umschulung, was im ersten Anlauf nicht klappte. Also ging Karl einen anderen Weg. Zuerst absolvierte er ein Praktikum, dann einigte er sich mit dem

Ausbildungsinstitut über seine Teilnahme, was ihm trotz ausstehender Bewilligung gewährt wurde. Und während er schon mit der Umschulung begann, blieb er mit der Arbeitsagentur im Gespräch. Seine Hartnäckigkeit wurde dann letztendlich belohnt.

Aber auch wenn Träume, Visionen und Ziele zu uns passen, uns beflügeln würden und schon allein die Vorstellung, loszugehen, uns glücklich macht, gibt es Hindernisse. Eins davon hat Karola schmerzlich erlebt. Karolas größter Wunsch war es, in die Häuser und Wohnungen von Menschen Ordnung und Sauberkeit zu bringen. Sie wollte dafür sorgen, dass Vielbeschäftigte ein Heim haben, in dem sie sich wohlfühlen, Gäste und Geschäftspartner empfangen können und sich nicht um Haushalt und Einkauf kümmern müssen. Ihre Augen leuchteten, wenn sie davon erzählte. Aber was dann kam, damit hatte sie nicht gerechnet. Ihr Umfeld reagierte bestürzt. Sie rieten ihr ab, denn Hauswirtschafterin sei nun mal kein Beruf, den man ausüben könne. Wenig Prestige und überhaupt wozu hätte sie dann studiert.

Meine Karriere, deine Karriere

Die klassische Karriere zu machen, ist immer noch das Synonym für Erfolg. Mein Haus, mein Auto, mein Boot, das ist Karriere? Verglichen wird dabei oft mit denen, die es geschafft haben. Auch wenn da diese leise Stimme in uns ist, diese frevlerische Stimme, die sagt: Aber das ist nicht das, was für mich im Leben zählt. Für mich ist Erfolg etwas anderes, für mich ist es Freiheit in der Entscheidung, Freiheit zu arbeiten wann und wo ich will, für mich ist Karriere eine Familie zu haben, meine Kinder selbst zu erziehen und nicht zu managen. Und doch lassen wir uns oft genug von den Erfolgs- und Lebensvorstellungen anderer leiten. Besonders Patchworker werden schnell mit Karriere unverträglichen Eigenschaften belegt: wenig Durchhaltevermögen, wenig ehrgeizig sind nur einige davon.

Um Ihren Weg gehen zu können, um sich als Patchworker oder Umorientierer zu behaupten, spielt die eigene Definition von Erfolg eine bedeutende Rolle. Denis Mourlane stellt in seinem Buch »Resilienz« die Frage: »Möchten Sie erfolgreich sein, oder möchten Sie ein erfolgreiches Leben führen?« Der Unterschied ist aus seiner Sicht ein gravierender, den man erst bemerkt, wenn man am Ende seines beruflichen Lebens angekommen ist. Was gehört zu einem erfolgreichen Leben? Ist es, sich auch um seine Familie zu kümmern, Spaß am Leben zu haben oder die Gesundheit zu erhalten?

Definieren Sie deshalb Ihren persönlichen Erfolg

Nehmen Sie sich ein Blatt Papier. Schreiben Sie groß als Überschrift: Ich bin erfolgreich, wenn ... und dann beenden Sie diesen Satz mit so vielen Nebensätzen, wie Ihnen einfallen. Lassen Sie sich etwas Zeit, am Ende wissen Sie, was Ihnen wirklich wichtig ist und was für Sie im Leben zählt. Womöglich haben Sie festgestellt, dass Sie bereits in Ihrem Sinne erfolgreich sind und falls nicht, dann haben Sie gute Denkanstöße bekommen und können überlegen, was Sie ändern wollen, um Ihr Leben zu leben, Ihren beruflichen Erfolg zu haben, Ihre Berufung auszuleben.

Denkanstoß: Ich bin erfolgreich wenn, ...

Warum ich Sie immer wieder auffordere, Ihre Gedanken, Wünsche und Ziele aufzuschreiben? Einmal stellt sich beim Schreiben mehr Klarheit ein, als wenn Sie eine Sache durchdenken. Etwas schriftlich zu formulieren, kann den beruflichen Weg in die richtige Richtung lenken. Zahlreiche Persönlichkeiten unter anderem Jörg Knoblauch, Brian Tracy, Dr. Rainer Zitelmann schwören in ihren Büchern auf die erfolgsfördernde Wirkung des Schreibens. Von Arnold Schwarzenegger wird behauptet, dass er sich zu Beginn jeden Jahres fünf Ziele aufschrieb, an denen er dann das ganze Jahr über arbeitete. Das Fazit einer Havard-Studie schon von 1979 dazu lautet: »Verschriftlichen Sie Ihre Ziele und Sie werden überproportional erfolgreich sein. «

Doch warum ist das so?
Aufschreiben deckt Gefühle, Wahrnehmungen und Gedanken auf. Es hilft, Gedanken und Pläne zu strukturieren und zu ordnen. Beim Schreiben erkennen Sie Blockaden und Hindernisse, wenn Sie etwas aufschreiben, was noch nicht stimmig ist oder sich schwer niederschreiben lässt. Es zeigt Zusammenhänge auf und schafft die Möglichkeit, Lösungen durchzuspielen, ohne dass der Kopf sagt: Ach lass doch den Quatsch. Und schreiben heißt eine Verpflichtung mit sich selbst eingehen, es ist ein Instrument der Überprüfung. Ideen, die Sie nur im Kopf durchgespielt haben, bleiben auch meist da. Wie wunderbar ist es, wenn man nach einiger Zeit die Aufzeichnungen anschaut und feststellt, welche Ziele bereits erreicht wurden.

Ist es Ihnen gelungen? Wissen Sie, was Ihnen wirklich wichtig ist und was in Ihrem Leben zählt? Sind Sie dann vielleicht schon erfolgreich? Wenn nicht, was können Sie ändern, um Ihr Leben zu leben, Ihren Beruf, Ihre Berufung auszuleben?

Karriereziele und Visionen

Nachdem Sie der Grundfragen nach Ihrer Definition für Erfolg nachgegangen sind, stellt sich die nächste – die nach Ihrem Karriereziel. In erster Linie arbeiten Sie, um Geld zu verdienen und Ihre Existenz zu sichern. Aber reicht Ihnen das? Laut der Motivationspyramide des US-amerikanischen Psychologen Abraham Maslow trachtet der Mensch nicht nur nach persönlichem Wohlstand, sondern auch danach, mehr Einfluss nehmen zu können, etwas zu schaffen, zu kreieren. Die Ziele Ihrer Karriere können daher vielfältig sein:

- Geld verdienen,
- Freude und Sinn an der Arbeit,
- Aufstiegschancen,
- einer Vision folgen,
- zu einem Team gehören,
- die Welt verändern,
- die Welt verbessern,
- Neues schaffen.

Mit Ihrem Ziel und Leitmotiv vor Augen, können Sie Ihren Weg unbeirrt verfolgen. Jeder Jobsuchende kann daher jede neue Aufgabe als spannend und fördernd betrachten. Somit sind Sie in der Lage, Veränderungen in Ihrem Berufsleben stark und motiviert gegenüberzutreten. Denn die große Herausforderung für Sie ist, dass Sie sich ständig neu begeistern und motivieren müssen. Selbstmotivation ist genau wie bei Selbstständigen ein Teil Ihres Berufserfolges. Ihre Ziele und Visionen müssen Sie in Aufträge umsetzen können. Dazu gehört es, sich um Weiterbildung, neue Einsätze oder Aufträge selbst zu kümmern, denn so, wie sich die aktuellen Trends auf dem Arbeitsmarkt gerade manifestieren, werden Projekteinsätze und Zeitverträge das Gros Ihrer Arbeitsverhältnisse bilden. Damit es die zu Ihnen passenden sind, ist das Wissen um Ihre Grundüberzeugungen hilfreich.

Werte – Der Stoff, aus dem wir gemacht sind

Werte sind derzeit viel im Gespräch und oft denken wir dabei an die gesellschaftlichen Werte und kulturellen Prägungen. Doch um die geht es hier nicht, es geht um Ihre individuellen Werte oder wie Markus Hornung sagt: »Werte sind Dinge, die mir wichtig sind.« (Hornung 2015: 54) Sie sind das Fundament unserer Ansichten und Handlungen. Ohne sie herrschen Chaos und Anarchie. Jeder Einzelne lebt nach ihnen. Niemand kommt ohne sie aus. Die Rede ist hier von Ihren Werten. Werten, die sich im Laufe Ihres Lebens herausgebildet und verfestigt haben.

Grundsätzlich sind Werte relativ stabil, treten aber in unterschiedlichen Lebensphasen verschieden stark in den Vordergrund. So kann es sein, dass der Wert Familie besonders stark ist, wenn Sie gerade geheiratet haben und ein Kind bekommen. Andere Werte bleiben als Grundwerte immer vorhanden. So kann jemandem der Wert »Freiheit« sehr wichtig sein, und wenn sich dieser nicht durch wiederholte negative Erfahrungen wandelt, bleibt er in allen Lebensbereichen und über alle Lebensphasen erhalten.

Jeder Mensch kann eine gewisse Zeit ohne Folgen gegen seine Werte handeln. Je länger dieser Zustand jedoch andauert, desto stärker sabotiert er sich selbst. Probleme und Unzufriedenheit entstehen, wenn sich Ihre Grundbedürfnisse – und das sind in hohem Maße nun mal die eigenen Werte – nicht verwirklichen lassen, sowohl im Beruf als auch privat. Psychotherapeuten wie Klaus Grave sprechen dann davon, dass das jedem Menschen innewohnende psychologische Grundbedürfnis nach Selbstwirksamkeit verletzt wird. Es ist daher viel Lebenskenntnis in der Aussage von Roy R. Disney, einem Neffen von Walt Disney, zu finden: »Es ist nicht schwer Entscheidungen zu treffen, wenn Du erst weißt, welche Deine Werte sind.«

Die Vielzahl an Literatur und die intensive Beschäftigung von Therapeuten und Wissenschaftlern mit Themen wie Selbstbewusstsein, Selbststeuerung und Work-Life-Balance zeigen, dass viele Menschen eben nicht bewusst und aktiv ihre Werte verfolgen. Man kennt die eigenen Orientierungen nicht, folgt Gewohnheiten, erfüllt Erwartungen des Umfeldes. Nur zum Selbst kommt man nicht.

Denkanstoß: Kennen Sie Ihre Werte? Definieren Sie, was sie für Sie beinhalten. Handeln und leben Sie danach?

Sie wissen es nicht, haben sich noch nie damit beschäftigt? Dann könnten Ihnen folgende Überlegungen helfen:

- Lassen Sie Momente in Ihrem Leben Revue passieren, in denen Sie erfolgreich waren oder sich glücklich fühlten. Welche Ihrer Bedürfnisse wurden befriedigt und lösten dadurch dieses Hochgefühl bei Ihnen aus? War es Ihr Bedürfnis nach Anerkennung, Freundschaft oder Vertrauen oder ein anderes?

• Erinnern Sie sich in einem zweiten Schritt an Verletzungen durch Personen oder Ereignisse. Welcher Ihrer Werte wurde hier verletzt, welches Bedürfnis blieb unbefriedigt? War es Freiheit, Respekt oder Sicherheit oder etwas anderes?

Wählen Sie aus Ihren Antworten Ihre fünf Kernwerte aus und priorisieren Sie diese. Gleichen Sie diese dann mit Ihrem Umfeld ab. Ist Ihnen Harmonie wichtig und Sie arbeiten in einem Umfeld von Zank und Streit? Ist Anerkennung einer Ihrer Kernwerte und Ihr Chef bemerkt Ihre Ergebnisse nicht einmal? Oder ist Selbstbestimmung Ihr Kernwert und Sie bekommen jeden Arbeitsschritt vorgegeben? Deshalb sollten Sie vor einem neuen beruflichen Schritt Ihre Werte definieren. Sie dienen vor allem auch der Passung an das Unternehmen. Dass auch Unternehmen Werte inzwischen wichtig sind, kennen Sie als »cultural fit«.

Liebe, Lust und Sonnenschein

Leider kann niemand von Luft und Liebe allein leben. Deshalb ist der Lohn für Ihre Arbeit ein wesentlicher Bestandteil Ihres Karriere-Quilt, über den Sie sich Gedanken machen sollten. In erster Linie geht es darum, wie viel Sie verdienen wollen. Ihre Vorstellung von dem monetären Wert Ihrer Leistung mit dem marktüblichen Preis abzugleichen ist schon wichtig und richtig. Ein wirklich guter Arbeitgeber wird Sie auch fair bezahlen. Tappen Sie nicht in die Falle, sich unter Ihrem Wert zu verkaufen.

Lucie wurde nach zehn Jahren Berufserfahrung arbeitslos. Sie wollte in Ihrem Job bleiben und bewarb sich einige Zeit erfolglos. Also beschloss sie, sich weiterzubilden und ihren Kenntnisstand zu aktualisieren. Nach Abschluss des Kurses reagierte ein Arbeitgeber positiv auf ihre Bewerbung, nur ihre Gehaltsvorstellungen wollte er nicht mittragen. Er unterbreitete ihr ein Gegenangebot, das 25.000 Euro unter ihren Vorstellungen lag. Entgegen meinem Ratschlag nahm sie das Angebot an. Die Konsequenz war, dass Lucie diesen Job nicht bekam. Der Arbeitgeber begründete: Sie sollen mit Kunden verhandeln, wenn Sie schon ihr eigenes Gehalt nicht verhandeln können, wie soll das dann mit Kunden gehen.

Aber nicht immer geht es nur um Geld, in einer klassischen Karrierewelt geht es auch um Titel, Bürogröße, persönliche Assistentin, Dienstwagen oder eigenen Parkplatz.

Was also wäre ihr Lohn? Was ist Ihnen neben einer angemessenen, fairen Bezahlung noch wichtig? Legen Sie Wert auf freie Zeiteinteilung oder sind die gebotenen Personalentwicklungsmaßnahmen das Zünglein an der Waage? Wäre ein internes Karrierecoaching, das Sie auf einen neuen Job, gegebenenfalls auch in einem anderen Unternehmen vorbereitet, ein Pluspunkt, spräche es dafür, sich für dieses Unternehmen zu entscheiden? Spielt Kinderbetreuung, betriebliche Alters- oder Gesundheitsvorsorge eine wichtige Rolle für Sie? Oder legen Sie ein besonderes Augenmerk darauf, welche Art der Karriere Ihnen geboten wird?

Führungs-, Fach- oder Projektkarrieren

Wovon hängt ab, für welche Karriere man sich entscheidet? Kann man in verschiedenen Lebensabschnitten eine jeweils andere Karriereform anstreben? Grundsätzlich haben Ihre Fähigkeiten und Eigenschaften einen starken Einfluss auf Ihre Entscheidung. Sind Sie eher Generalist oder Spezialist? Was sind die Motive hinter Ihrer Arbeit, Anerkennung; Macht, Status oder ist es Neugier, Wissen? Bevor Sie eine der Karrierekonzepte als für sich stimmig annehmen, sollten Sie diese Motive und Ihre Werte hinterfragen und mit den Erfordernissen und Anforderungen der entsprechenden Laufbahnen abgleichen.

Führungskarriere

Führungskarrieren sind das, was immer noch als die richtige Karriere angesehen wird. Sie geht häufig den Weg, dass derjenige, der die beste Fachkraft ist, zur Führungskraft geadelt wird, unabhängig von seiner Eignung. Doch auch hier tritt allmählich ein Wandel ein. Kompetenzen, die hier erforderlich sind, gehen eher in Richtung Generalistentum. Neben den fachlichen und methodischen Kompetenzen werden eine unternehmenspolitische Intelligenz sowie eine strategische Denkweise wesentlich. Zunehmend rücken aber hier soziale Fähigkeiten in den Vordergrund. Kommunikation, Gesprächsführung, Mitarbeitermotivation und die Fähigkeit, Wertschätzung zu geben. Die Führungskraft als Coach-Bewegung ist ein Ausdruck davon. Wenn Sie sich ernsthaft für eine Führungskarriere interessieren, ist daher mein Rat: Stärken Sie besonders Ihre sozialen Kompetenzen.

Fachkarriere

Immer wenn ich an Fachkarrieren denke, habe ich ein Bild im Kopf, wie das von Sheldon und seinen Freunden, Leonard, Raj und Howard aus der »Big Bang Theory«. Nerds, bei denen sich niemand vorstellen kann, dass sie je Führung übernehmen. Sie sind Spezialisten, jeder auf seinem Gebiet, sie sind freie Mitarbeiter und sicher nicht hoch bezahlt, denn keiner kann sich eine eigene Wohnung leisten. Jedes Unternehmen hat seine Sheldons, hoch spezialisierte Mitarbeiter, die in ihrem Fachgebiet aufgehen und keine Ambitionen haben, aufzusteigen. Jedes Unternehmen braucht sie und doch werden sie auch heute noch oft belächelt. Sie lieben ihre Aufgabe, Meetings empfinden sie als überflüssig und Unternehmenspolitik interessiert sie nicht. Sie gehören meist nicht in die höheren Gehaltsstufen.

Im Unternehmen führen sie oft eine Parallelexistenz. Für sie werden Titel entwickelt, wie Junior Experts ... Expert ... Senior Experts, doch in hierarchisch geprägten Unternehmen spielen sie noch Nebenrollen. Ausnahmen finden wir natürlich da, wo Experten unerlässlich sind, wie in der Forschung und Entwicklung. Ihre Bedeutung wird jedoch insgesamt zunehmen. Je flacher die Hierarchien, desto mehr Sheldons wird es geben. Eine Fachkarriere sollten Sie anstreben, wenn Sie sich lieber fachlichen Fragestellungen widmen und Sie Führungsaufgaben als lästige Pflicht ansehen. Für eine Fachkarriere ist die ständige Aktualisierung von fachlichen und sachlichen Kompetenzen unerlässlich und, auch wenn es Ihnen fremd ist, kommt die Fähigkeit zu netzwerken, Fachcommunitys aufzubauen und aufrechtzuerhalten, dazu. Denn für Einzelkämpfer werden die Aufgaben zu komplex.

Projektkarriere

Die Projektkarriere etabliert sich zunehmend als der dritte Karriereweg. Sie kann beide Karrierewege im Laufe der Zeit miteinander verbinden, da Sie nacheinander Projektmitarbeiter, Teilprojektleiter oder auch Projektleiter sein können. Die Positionen sind in der Regel zeitlich befristet. Gesucht sind also flexible Professionals, die sich agil bewegen können und wollen. Sie werden je nach Bedarf in Projekte eingebunden und ihre Wertschätzung ist davon abhängig, inwieweit komplexe Projekte erfolgreich abgeschlossen werden. Im Vordergrund steht das Beherrschen des Projektmanagement-Know-hows gepaart mit der Kompetenz zur Förderung der Teamleistung, der Fähigkeit zu koordinieren und Konflikte zu managen. Besonders herausfordernd dabei ist die Führung virtueller Teams.

Die geleaste Arbeit

Arbeitnehmerüberlassung ist immer noch für viele eine nur im Notfall akzeptierte Lösung. Meist wird sie mit eher angelernten oder einfachen Tätigkeiten in Zusammenhang gebracht. Doch die Zeiten haben sich gewandelt und wandeln sich weiter. Mittlerweile ist Zeitarbeit in allen Berufsfeldern denkbar. Tatsächlich hat das System auch unter Ärzten und Ingenieuren bereits Einzug gehalten.

Das Verlangen des Arbeitsmarktes nach flexibleren Lösungen wird das Modell Zeitarbeit weiter vorantreiben. Die Zeitarbeit wird nicht nur von Arbeitnehmern genutzt, um einen Wiedereinstieg zu schaffen oder beschäftigungslose Zeiten zu überbrücken. Sie kann und wird auch immer häufiger von gut qualifizierten Fachkräften bewusst eingegangen. Die so häufig propagierten Nachteile werden von ihnen durchaus positiv gesehen:

- flexibles Ausprobieren von neuen Möglichkeiten im beruflichen Wandel
- Anpassung an Veränderungen im Lebensumfeld, wie Umzug
- keine feste Einbindung in ein neues Team
- keine Einbindung in Konflikte, Unternehmenskulturen, sondern die Möglichkeit, Neues kennenzulernen.

Unter diesen Prämissen, der Definition von Erfolg, den Überlegungen zu Ihren Visionen und Zielen auf der Grundlage Ihrer Werte und des sich Bewusstmachens Ihrer Erwartungen, gehen wir jetzt die Zusammensetzung des Quilt an.

Patching und Matching

Wie entsteht ein Quilt? Zunächst wird das Muster für einen Quilt entworfen, wenn alle Patches gesichtet, passende ausgewählt und fehlende ergänzt worden sind, dann beginnt die eigentliche Arbeit. Die Patches werden zum Muster zusammengefügt und vernäht. Was heißt das für Sie und Ihren Karriere-Quilt? Sie haben sich überlegt, wohin die Reise für Sie gehen soll, die Planung (das Muster) steht und nun wählen Sie alle dafür passenden Patches aus, fügen Sie gemäß Ihrer Planung zusammen und beginnen mit der Fertigstellung.

Diese Arbeitsschritte lassen sich auf die Jobsuche übertragen. Leider erlebe ich oft, dass Bewerbungen eher unüberlegt verschickt werden. Bewerber bieten dem Unternehmen ein breites, willkürliches Spektrum an Fähigkeiten an. Der Gedanke hierbei scheint zu sein: Der Personaler ist doch geschult, der sucht sich schon raus, was er braucht. Genau das tut er aber nicht. Hilfreich ist es sich in Situation eines Unternehmens hineinzuversetzen. Auf Stellenofferten treffen typischerweise Dutzende wenn nicht sogar Hunderte Bewerbungen ein. In einem ersten Schritt werden die eingehenden Anfragen daher meist von einem Mitarbeiter der Personalabteilung durchgeschaut und eine Vorauswahl getroffen, um sich auf die zehn oder zwanzig am interessantesten erscheinenden Kandidaten konzentrieren zu können. In einem zweiten Schritt legt dann ein mehrköpfiges Team fest, welche Bewerber zu einem Gespräch oder einem weiteren Auswahlverfahren wie einem Assessment-Center eingeladen werden. Das bedeutet, dass für eine erste Vorauswahl ein Rekrutierender in zwei bis drei Minuten entscheiden muss, ob Sie den Anforderungen der betreffenden Stelle gewachsen sind oder nicht.

Er will das Muster erkennen, das Ihren Karriere-Quilt für ihn interessant macht. Dazu bedarf es sorgfältiger Vorbereitung Ihrerseits, denn mit Ihren Unterlagen bestimmen Sie, welchen ersten Eindruck Menschen von Ihnen bekommen und können so Ihren Beitrag dazu leisten in die engere Auswahl für eine Stellenbesetzung zu kommen.

Es ist wohl ein Phänomen unserer Zeit, dass gerade bei digitalen Bewerbungen standardisierte Massenbewerbungen dominieren. Obwohl das in jedem Ratgeber zu lesen ist, dass eine standardisierte Bewerbung nicht empfehlenswert ist, gehen die meisten Jobsuchenden so vor, dass sie sich einmal eine Bewerbungsunterlage und ein Anschreiben erstellen und meist unreflektiert ein und dieselbe Bewerbung an eine Vielzahl an Unternehmen senden. Jeder Personalverantwortliche wird Ihnen das bestätigen.

Aus Anzeigen bei den großen Portalen wie stepstone.de oder monster.de erhalten Unternehmen manchmal schon Minuten nach der Insertion die ersten Bewerbungen. Eine große Auseinandersetzung mit der Jobofferte oder gar eine Anpassung von Unterlagen kann aber niemand in Minuten bewerkstelligen. Die Masse der Jobsuchenden scheint Digitalisierung des Bewerbungsprozesses dahin gehend für sich zu nehmen, dass man so viel Bewerbungen in so kurzer Zeit wie möglich versendet.

»Die Onlinebewerbung verführt Bewerber zu einem weniger sorgsamen Umgang mit den Anforderungen. Aussagen werden allgemeiner und scheinen auf viele unterschiedliche Stellen zu passen. Zu dem Verlust der Individualität kommen noch eine höhere Fehlerquote und ein gewisser Lapsus im Umgang mit Formalitäten. MfG schließt keine Bewerbung ab.« (Recruiter)

Ich lade Sie ein, einen Weg zu wählen, der deutlich erfolgsversprechender ist. Ihre Zielsetzung sollte nicht sein, mit einer perfekten Bewerbung möglichst viele Firmen anzusprechen. Ihre Herangehensweise solle vielmehr sein, mit jeder einzelnen Bewerbung dem jeweiligen Ansprechpartner zu zeigen, dass er nicht den nach klassischen Maßstäben für irgendwelche Stellen besten Bewerber vor sich hat, sondern dass er den für die ausgeschriebene Stelle ideal passenden Menschen vor sich hat. Sie verkaufen sich nicht länger als einen Bewerber für eine Stelle, sondern Ihre neue Haltung ist ab sofort, dass Sie sich als Dienstleister für den Personalentscheider begreifen. Mit Unterlagen, Anschreiben und allem was wir machen, möchten wir Verantwortlichen helfen, die richtige Entscheidung bei einer anstehenden Stellenbesetzung zu treffen. Natürlich wollen wir gerne den neuen Job haben, noch wichtiger ist aber, dass Stellenausschreibung, Unterlagen und Bewerber zueinanderpassen.

Diese Vorgehensweise lässt sich als High Probability Selling in eigener Sache beschreiben. Denn die größten Erfolgschancen werden Sie dort haben, wo Menschen erkennen, dass (bei allen erlaubten positiven Darstellungsmöglichkeiten) Sie der Kandidat sind, denn man hier und heute sucht. Statt Massenaussendungen werden Sie Ihre Selbstwahrnehmung schärfen und lernen, wie Sie in angemessener Zeit individuelle Bewerbungsstrategien für jede interessante Offerte verfolgen können.

Angelehnt an High Probability Selling, eine Interviewmethode, die darauf angelegt ist, eine gemeinsame Basis mit dem Kunden zu schaffen, können Sie Jobinterviews führen. Interviews mit Menschen, die den Job, den Sie gern hätten, bereits in Unternehmen ausüben, in denen Sie gern arbeiten würden. In informellen Gesprächen können Sie herausfinden, wie das Unternehmen tickt und ob Sie überhaupt dort arbeiten wollen. Die gemeinsame Basis ist Ihr Interesse an den Dienstleistungen, Produkten und Lösungen, die das Unternehmen anbietet. Nach Richard Nelson Bolles und Daniel Porot, Bewerbungsexperten aus den USA und Genf, fragen Sie Ihre Gesprächspartner danach, wie sie an den Job gekommen sind, was ihnen gefällt, was nicht so toll ist. Weiterhin interessant dürfte sein, wie sich die Branche entwickelt und welche Fähigkeiten Sie mitbringen müssten, um diesen Job auszuüben. Die gewonnenen Informationen helfen Ihnen, sich auf Unternehmen zu konzentrieren, die zu Ihnen passen und denen Sie einen echten Mehrwert bieten können.

Im nächsten Schritt finden Sie heraus, wer in diesem Unternehmen, Sie einstellen könnte. Nutzen Sie dazu Ihre eigenen Netzwerke und Kontakte, gehen Sie auf Veranstaltungen, auf denen Sie ihnen begegnen können. Mit den Informationen aus den Gesprächen können Sie in einem Vorstellungsgespräch dadurch punkten, dass Sie genau wissen, was Sie anbieten und warum Sie genau in diesem Unternehmen arbeiten wollen.

Das erste Mal, dass ich über die Macht der Gespräche hörte, war bei einem Fest bei Freunden. Ich lernte einen Mann kennen, der mir von seiner gerade erfolgreich beendeten Jobsuche erzählte. Er hatte Philosophie studiert und bisher im Management in zwei Unternehmen gearbeitet. Seine Leidenschaft aber lag in der Informatik, er hatte sich mehrerer Programmiersprachen beigebracht, bereits erste Programme geschrieben und strebte nach einer beruflichen Veränderung. Aufgrund fehlender Zertifikate oder eines passenden Studienabschlusses schloss er die klassischen Bewerbungswege für sich aus. Also nutzte er die Gespräche und fand eine Firma, die ihn einstellte. Stolz setzte er hinzu, dass diese Firma die Stelle extra für ihn neu geschaffen hätte.

Die Begegnung ist jetzt mehr als fünfzehn Jahre her und seitdem habe ich oft erlebt, wie groß die Kraft der Gespräche ist. Eine Klientin wurde einige Wochen, nachdem sie mit fünf Mitarbeitern einer Abteilung gesprochen hatte, angerufen, um einen Termin beim Chef zu vereinbaren. Der bot ihr die Stelle an, die sie sich gewünscht hatte. Ein anderer Klient kam bei einer Zigarettenpause während seiner Interviews auf dem Hof mit einem Mitarbeiter ins Gespräch, der sich als Entscheider herausstellte und einen Vorstellungstermin arrangierte.

Denn sehen Sie, auch Unternehmen sind auf der Suche nach Mitarbeitern, die zu ihnen passen.

Ja, es gab auch Unternehmen, bei denen es unmöglich war, Gesprächstermine zu bekommen. Doch auch das sind Informationen, die sie weiter bringen. Wollen Sie in einer Firma arbeiten, die so unnahbar ist?

Und nicht immer klappt es so, wie wir uns das vorstellen. Eine Klientin erfuhr, dass Jobs, wie sie sie anstrebte zunehmend an Freiberufler vergeben werden. Das veranlasste sie, auch eine Selbstständigkeit in ihre beruflichen Überlegungen einzubeziehen.

Denkanstoß: In der Selbstanalyse sollten Sie sich diese fünf Fragen beantworten

Was kann ich?

Was will ich?

Welcher Beruf und welches Unternehmen passen dazu?

Wie finde ich die passende Stelle?

Wen kenne ich, der mich bei der Suche unterstützen kann?

Was haben Sie und ein schwimmendes Kaninchen gemeinsam?

Am Anfang steht die Bestandsaufnahme Ihrer Fähigkeiten und Talente. Das fällt vielen schwer, was daran liegt, dass uns spätestens mit Beginn der Schule abtrainiert wurde, etwas Besonderes zu sein. Alle sollen exakt das Gleiche lernen und zwar in exakt der gleichen Zeit. Begabungen und Vorlieben spielen keine Rolle. Wenn man diese Schule zehn oder dreizehn Jahre durchlaufen hat, kann man sich an sich selbst kaum noch erinnern. Da das Augenmerk in der Schule auf unsere Schwächen gerichtet wird und alle Anstrengungen unternommen werden, diese abzuschwächen oder zu beseitigen, fehlt uns meist komplett der Blick auf unsere Stärken. Das führt dazu, dass wir später im Leben unsere Stärken kaum noch wahrnehmen können. Schon gar nicht können wir uns als wertvoll und stark sehen. Dazu erzähle ich gern die folgende Geschichte aus der Tierschule:

»Es gab einmal eine Zeit, da hatten die Tiere eine Schule. Der Unterricht bestand aus Rennen, Klettern, Fliegen und Schwimmen, und alle Tiere wurden in allen Fächern unterrichtet.

Die Ente war gut im Schwimmen, besser sogar als der Lehrer. Im Fliegen war sie durchschnittlich, aber im Rennen war sie ein besonders hoffnungsloser Fall. Da sie in diesem Fach so schlechte Noten hatte, musste sie nachsitzen und den Schwimmunterricht ausfallen lassen, um das Rennen zu üben. Das tat sie so lange, bis sie auch im Schwimmen nur noch durchschnittlich war. Durchschnittliche Noten waren aber akzeptabel, darüber machte sich niemand Gedanken, außer: die Ente.

Der Adler wurde als Problemschüler angesehen und unnachgiebig und streng gemaßregelt, da er, obwohl er in der Kletterklasse alle anderen darin schlug, darauf bestand, seine eigene Methode anzuwenden.

Das Kaninchen war anfänglich im Laufen an der Spitze der Klasse, aber es bekam einen Nervenzusammenbruch und musste von der Schule abgehen wegen des vielen Nachhilfeunterrichts im Schwimmen.

Das Eichhörnchen war Klassenbester im Klettern, aber sein Fluglehrer ließ ihn seine Flugstunden am Boden beginnen, anstatt vom Baumwipfel herunter. Es bekam Muskelkater durch Überanstrengung bei den Startübungen und immer mehr Dreien im Klettern und Fünfen im Rennen.

Die mit Sinn fürs Praktische begabten Präriehunde gaben ihre Jungen zum Dachs in die Lehre, als die Schulbehörde es ablehnte, Buddeln in den Unterricht aufzunehmen.

Am Ende des Jahres hielt ein anormaler Aal, der gut schwimmen und etwas rennen, klettern und fliegen konnte, als Schulbester die Schlussansprache.« (Soremba 1995)

Die Folge unseres Gleichmacher-Schulsystems ist, dass wir nach der Schule selten in der Lage sind, einen Beruf oder einen Studienplatz nach unseren Wünschen auszuwählen. Wir verlassen uns auf Eltern, Familie, Freunde oder auf die Statistik. Und mancher beginnt sich nach dem Abschluss zu fragen, ob der gewählte Beruf wohl der richtige ist. Familie, Kinder, Haus lassen solche Überlegungen schnell hinten anstehen. Und doch müssen wir uns spätestens vor dem nächsten Vorstellungsgespräch wieder mit der Frage auseinandersetzen: Was sind meine Stärken? Befragen Sie dann auch gern Ihr Umfeld: Sag mal, was sind meine Stärken? Und wieder verlassen wir uns auf andere. Es ist in Ordnung, Erkundigungen einzuziehen, schließlich haben wir alle den blinden Fleck. Doch es sollten Zusatzinformationen sein, zusätzlich zu unserem eigenen Gefühl und Wissen um unsere Fähigkeiten.

Die Digitalisierung kann Sie bei der Suche nach Ihren Stärken unterstützen. Es gibt immer mehr computergestützte Angebote, wie den Stärkenkompass, profilingvalues oder den strengthfinder, die uns bei der Beantwortung der Frage nach unseren Stärken unterstützen können. Mit dem Stärkenkompass können Freunde und Bekannte aus einem Pool von Fähigkeiten und Eigenschaften die auswählen, die ihrer Meinung nach zu Ihnen passen und diese werden dann zu Ihrem Stärkenprofil zusammengestellt.

Mit profilingvalues ist es möglich, die inneren Werte und die gegenwärtige Situation eines Menschen abzubilden. Das Ergebnis ist ein umfassender Bericht, der die Persönlichkeitseigenschaften und die gegenwärtige Nutzung der individuellen Potenziale aufzeigt. Er setzt bei Ihren Werten an, einer der grundlegenden Prägungen unserer Kindheit und Jugend.

Nutzbar sind weitere Tests, wie der der MBTI, DISG und 16 PF, die zwar ausschließlich auf einer Selbsteinschätzung beruhen, aber auch gute und wertvolle Ergebnisse erzielen.

Beantwortet wird so die Frage nach dem: Wer bin ich? Denn die Antworten sind meist Eigenschaften, die uns zugeschrieben werden. Sie lauten oft: gründlich, freundlich, pünktlich, zuverlässig, geduldig und so weiter. Ergänzend dazu brauchen wir Antworten auf die Frage ...

Was kann ich?

Egal, ob Sie als Patchworker eine neue Stelle suchen oder sich ganz neu orientieren wollen. Ein Neuanfang ist es für viele in jedem Fall. Einer, der besser zu eigenen Werten und Bedürfnissen passt, der mehr angenommene Eigenverantwortung für das eigene Dasein, mehr Leidenschaft im Handeln und ein besseres Klima mit dem eigenen Umfeld mit sich bringt. Die Ursachen sind vielfältig. Die Vorgehensweise beginnt mit dem sich selbst kennenlernen, Fähigkeiten, Interessen, Wünsche werden gefunden, hinterfragt und zusammengesetzt, zu einem Bild einer neuen Tätigkeit. Hierbei ist das Ergebnis immer eine konkrete Berufsbezeichnung, es kann auch zunächst ein Bild entstehen, das Umrisse zeigt.

Wenn ich im Coaching nach den Fähigkeiten frage, dann zählen viele Klienten Tätigkeiten, die sie in Ihrem jetzigen Job erledigen.

Mit den Fähigkeiten ist es bei vielen Menschen wie mit den eigenen Werten. Oft ist man sich gar nicht bewusst, worin denn die besonderen eigenen Fähigkeiten liegen. Ich beobachte das in meinen Gesprächen mit Klienten tagtäglich.

Sie können jetzt natürlich Ihr Umfeld befragen, um zu erfahren, wie andere sie wahrnehmen. Dann bekommen Sie ein einigermaßen fundiertes Fremdbild wie andere Menschen sie erleben. Wenn es aber um eine Neuorientierung geht, dann ist es auch sehr wichtig, das Selbstbild einzubeziehen. Vor allem ist wichtig zu wissen, bei welchen Tätigkeiten Sie ein besonderes Zufriedenheitsgefühl entwickeln und auf sich stolz sind.

Am besten nähern Sie sich Ihren Fähigkeiten über Geschichten, persönlichen Situationen, in denen Sie stolz auf sich waren oder sich gedacht haben: Das habe ich wirklich gut gemacht. Das müssen und sollen keine Wie-ich-die-Welt-veränderte-Geschichten sein, sondern Alltagssituationen. Es geht dabei um Geschichten aus Schule und Beruf, um Freizeit und Hobby. Entscheidend ist, dass Ihnen diese Situationen etwas bedeutet haben. Schreiben sie über etwas, das Sie aus Freude, Abenteuerlust oder persönlichem Ehrgeiz getan haben. Schreiben Sie sie auf, am besten sechs oder sieben. Keine Angst, die Erste ist die Schwerste. Wenn sie die geschafft haben, dann fließen Ihnen die anderen nur so aus der Feder.

Die USA-Reise

Folgendes Beispiel veranschaulicht, was ich meine: Im Jahr 1990 las ich in der Zeitung von der Möglichkeit, für einige Monate in die USA zu gehen und dort in einem Ferienlager zu arbeiten. Ich bewarb mich und wurde zu einem Interview eingeladen. Voller Vorfreude machte ich mich auf den Weg und ... versagte. Da ich dem Englischunterricht nie viel Bedeutung beigemessen hatte (als DDR-Bürger würden wir ja sowieso nie in ein englischsprachiges Land reisen), verstand ich nicht alles und konnte noch schlechter antworten. Aufmerksamkeit erregte allerdings meine Ausbildung zur Krankenschwester und die Reise wurde beschlossene Sache. Im Camp angekommen, begann ich, mich mit den Medikamenten vertraut zu machen. Ich las und übersetzte die Beipackzettel, legte mir eine Liste der Einsatzmöglichkeiten, Wirkungen und Nebenwirkungen an und lernte Englisch. Ich lernte die Teammitglieder kennen und erfuhr viel über deren Aufgabenbereiche. Nach einer Woche Vorbereitung kamen die ersten Kinder. Jetzt hieß es Gespräche mit den Eltern zu führen über Vorerkrankungen, Allergien und mitgebrachte Medikamente. Im ersten Durchgang war das ziemlicher Horror, da ich immer Angst hatte, etwas zu missverstehen oder zu überhören. Im Lauf der Wochen wurde es immer einfacher. Zum Abschluss des Camps zogen die Veranstalter Bilanz, bei der ich sehr gelobt wurde. Ich war während der ganzen zwölf Wochen nur einmal mit einem Kind beim Arzt, alle anderen Vorfälle behandelte ich erfolgreich allein. Den Kindern ging es gut und die Eltern waren sehr zufrieden. Im Anschluss war ich dann noch vier Wochen allein in den USA unterwegs. Ich schlief bei Menschen, die ich unterwegs kennengelernt hatte, einmal auch auf einer Parkbank, sah einen großen Teil der Ostküste und habe eine unvergessliche Zeit erlebt und das alles mit vierhundert Dollar in der Tasche.

Die Geschichte enthält alles, was für eine Auswertung hinsichtlich Ihrer Fähigkeiten und Eigenschaften vorhanden sein sollte. Die Gliederung der Auswertung erfolgt nach folgendem Muster:

- Ziel: USA-Reise
- Hindernisse, die zu überwinden waren
- Fähigkeiten und Eigenschaften, die zur Überwindung der Hindernisse eingesetzt wurden
- Erfolg, auf den ich stolz war

Die zu überwindenden Hindernisse zu kennen zeigt auf, welche Probleme gelöst werden mussten. Die eingesetzten Eigenschaften und Fähigkeiten zeigen, was Sie mitbringen, um Hindernisse zu überwinden. Es zeigt die ureigenste Art zu arbeiten und in der Summe der Geschichten Ihren USP.

Zurück zur Geschichte: Also Hindernisse waren: geringe Sprachkenntnisse, vier Wochen mit wenig Geld überleben.

Die Rückmeldungen der Zuhörer: mutig, offen für Neues und auch für andere Kulturen, gelassen, Grenzen überwinden, abenteuerlustig, selbstständiges und gewissenhaftes Arbeiten, Selbstvertrauen, auf Menschen zugehen können, Überblick behalten und Wissen adaptieren, kommunizieren auch ohne Sprachkenntnisse …

Mein Erfolg war: Einen wirklich guten Job gemacht zu haben und damit vierhundert Dollar verdient zu haben, mit denen ich vier Wochen durch das Land reisen konnte. Es war eine tolle Zeit.

Erste Trainererfahrung – eine weitere Erfolgsgeschichte

Eine meiner ersten Anfragen, die ich als Trainerin bekam, war ein Verkaufstraining »Textileinzelhandel für Langzeitarbeitslose« über einen Zeitraum von sechs Wochen abzuhalten. Da es am Anfang der Selbstständigkeit auch noch um Ausprobieren, Lernen und Sondieren ging, sagte ich zu. Ich bereitete mich gründlich vor, las Bücher zum Thema Verkauf und machte mich mit den Anforderungen vertraut, die an Verkäufer in der Berufsausbildung gestellt werden. Meine zweite Überlegung galt der Ausgestaltung der sechs Wochen. Es sollte Wissensvermittlung, Abwechslung und Spaß, aber auch Motivation für die Jobsuche abdecken – so mein Anspruch. Als ich am ersten Tag antrat, wurde mir seitens des Bildungsträgers gesagt, dass ich damit zu rechnen hätte, dass etwa die Hälfte der Teilnehmer bereits nach ein paar Tagen, spätestens nach zwei oder drei Wochen nicht mehr kommen würde. Mein Ehrgeiz war entfesselt. Ich gestaltete die Tage abwechselnd mit vielen praktischen Übungen wie zum Beispiel Farbanalysen, Zusammenlegen von Kleidung, Stoffkunde. Für jeden Freitag plante ich Exkursionen, die uns entweder mit einem Fragenkatalog in verschiedene Geschäfte führte, oder in die Stoffabteilung eines Kaufhauses, ins Museum und die mit einer

Führung durchs KaDeWe schloss. Das Fazit war, dass alle Teilnehmer bis zum Schluss aktiv dabei waren und eine gute, motivierende Zeit hatten. Drei von zehn fanden in den ersten vier Wochen nach Abschluss eine Anstellung.

Sie sehen, die Geschichten können sehr unterschiedlich sein und verschiedene Aspekte unseres Lebens zeigen. Ihnen allen ist jedoch gemein: Sie haben Spaß gemacht, die Zeit ist nur so verflogen und Sie waren stolz auf sich.

Ungewohnt ist es für uns im ersten Moment, weil die meisten von uns nicht ständig über unsere Erfolge sprechen. Doch es lohnt sich.

Ich sehe immer wieder eine junge Frau aus meinem ersten Kurs »Berufliche Orientierung« vor mir. Sie hatte drei Lehren abgebrochen und traute sich nun gar nichts mehr zu. Sie schrieb ihre Geschichten, und als ich einen Freiwilligen suchte, anhand dessen Geschichte ich das weitere Vorgehen erläutern wollte, meldete sie sich. Sie trug ihre erste Geschichte vor der ganzen Gruppe vor. Jetzt war die Gruppe gefragt. Sie sollten rückmelden, welche Fähigkeiten und Eigenschaften die junge Frau zum Erfolg dieser Situation eingesetzt hat. Das Feedback füllte bald ein ganzes Flipchartblatt. Ich weiß heute nicht mehr, welche Geschichte die junge Frau erzählt hat, aber ihre Reaktion angesichts des Feedbacks wird mir ewig im Gedächtnis bleiben. Sie stand vor der Gruppe, Tränen in den Augen, Tränen der Rührung und der Freude und sagte: Mehr, mehr. Ihr könnt euch gar nicht vorstellen, wie gut das tut. Ich wachse und wenn ihr so weiter macht, komme ich gar nicht mehr aus der Tür. Zum ersten Mal habe ich dabei die Macht der Geschichten erlebt und gespürt.

Die junge Frau begann später eine Ausbildung zur Buchhändlerin. Der Kurs »Berufliche Orientierung« ist jetzt zehn Jahre her und nie werde ich den Moment vergessen. Ich habe die Macht von Geschichten im Laufe meiner Arbeit noch sehr oft erleben dürfen und es macht mich immer wieder froh.

So erkennen Sie Ihre wahren Fähigkeiten

Erzählen Sie sich Ihre Geschichte. Nehmen Sie sich einen Block und schreiben Sie Situationen auf, auf die Sie mit Stolz zurückblicken. Denken Sie dabei nicht nur an berufliche Situationen. Schauen Sie sich auch die Bereiche Freizeit, Hobby, Sport, Familie, Urlaub und so weiter an.

Mit dem Thema Stolz habe ich mich lange schwergetan, bis mir ein guter Freund in ein Buch, dass ich zum Geburtstag bekam, schrieb: »In Anlehnung an den schrecklichen Poesiealbumspruch: ›Sei wie das Veilchen im Moose, bescheiden, sittsam und rein, ...‹ würde ich eher sagen: Sei auch mal die stolze Rose, die im Vordergrund steht und bewundert will sein!« Danke Peter. Jetzt seien Sie die stolze Rose und schreiben Ihre Erfolgsstory.

Denkanstoß: Überlegen Sie jetzt

Was genau hat Sie zufrieden gemacht?

War es das, was ich getan habe? Was genau daran?

Welcher Beruf und welches Unternehmen passen dazu?

War es das, was ich erreicht habe? Was genau war mein Erfolg?

Welche Werte habe ich gelebt?

Waren es die Umstände? Was genau waren die Umstände, unter denen es mir gelungen ist?

Was verrät mir die Geschichte/Situation darüber, was ich kann, wer ich bin und was ich will?

Ziehen Sie Ihre Kraft eher aus der Überwindung von Problemen, dann können Sie sich auch an problematische Situationen in Ihrem Leben erinnern und herausfinden, aufgrund welcher Ihrer Eigenschaften haben Sie diese

Situation überwunden und was genau haben Sie getan, um das Problem zu lösen.

Im nächsten Schritt können Sie sich fragen, welche Probleme will ich für einen zukünftigen Arbeitgeber lösen? Diese fassen Sie dann in Problemgruppen zusammen. So löst man die Probleme der Kommunikation als Referent Unternehmenskommunikation, als Mitarbeiter Employer Branding, als Social Media Manager, als Berater, im Marketing ... Das Aufgabenfeld Gartengestaltung als Gärtner, als Landschaftsarchitekt, als Feng-Shui-Meister, man kann in einer Gärtnerei arbeiten, einen Dienst für Urlaubsgartenpflege oder eine Beratungsfirma für Gartengestaltung gründen.

Was interessiert mich?

Zu Ihren Fähigkeiten und Talenten gesellen sich nun Ihre Neigungen. Das Thema, um welches sich Ihre Arbeit drehen soll. Das können Sie herausfinden, indem Sie sich überlegen, welche Bücher zu welchen Themen Sie gern lesen? Zu welchen Themen schauen Sie sich Dokumentationen im Fernsehen oder im Netz an oder welche Artikel zu welchen Themen lesen Sie gern. Wenn Ihnen dazu gar nichts einfällt, dann lesen sie ein paar Wochen gezielt Zeitungen und Zeitschriften (auch im Netz) und sammeln Sie die Artikel, die Sie interessieren, die Sie mit besonderer Aufmerksamkeit lesen. Welche Gemeinsamkeiten haben diese Artikel? Kristallisieren sich drei Themen besonders heraus? Finden Sie heraus, welcher der drei Bereiche Ihnen am meisten zusagt. Können Sie sich gar nicht entscheiden, suchen sie eine Schnittstelle der drei Themen.

Als Nächstes überlegen Sie, in welchen Bereichen Menschen arbeiten, die mit diesen Themen zu tun haben. Thema Auto: Rennbahn, Autowerkstatt, Vertrieb, Autohersteller, Autositzhersteller, Planer und Hersteller der Inneneinrichtung, Reifenhersteller, Gebrauchtwarenhandel, Fahrer, Straßenplanungsamt, Verkehrsplanung, Wissenschaft, Automagazin und so weiter.

Welche Organisation, welches Unternehmen kann eine Position oder Beschäftigung, wie Sie sie anstreben, vergeben?

Wie will ich arbeiten?

Bevor Sie der Weg dann über die Analyse von Unternehmen führt, sollten Sie sich über Rahmenbedingungen im Klaren sein. Rahmenbedingungen, unter denen Sie arbeiten wollen. Sie erinnern sich an die Werte, die Sie erarbeitet haben. Sie spielen hier eine Rolle. Übertragen Sie Ihre Werte auf das Arbeitsumfeld, was genau bedeutet das und woran erkennen Sie, dass das Unternehmen zu Ihnen passt. Der Wert Freiheit bedeutet für mich, selbst entscheiden zu können, wann und wo ich arbeite und wie ich arbeite. Das schließt starre Hierarchien aus, Positionen, bei denen ich in eine Abfolge von Tätigkeiten eingebunden bin und es würde sehr viel Mitbestimmung einfordern.

Zum Thema Freiheit gibt es eine spannende Studie: Die höchsten Freiheitsgrade haben nicht kreative Berufe, sondern Tätigkeiten wie Installateur, Zimmermann et cetera. Während Grafiker, Medien-Designer und Kommunikationsberater sich typischerweise eng mit ihrem Auftraggeber abstimmen müssen, kann ein Handwerker in hohem Maße selbstbestimmt seinen Arbeitstag gestalten und selbst entscheiden, wie beispielsweise eine Heizungsreparatur durchgeführt wird. Sie kommt zu dem Schluss, was es für die eigene Jobsuche bedeutet: Wenn die Selbstbestimmtheit ein wichtiger Motivator für die berufliche Zufriedenheit ist, dann macht nicht die Ausstrahlung eines Jobs glücklich, sondern die Gestaltungsmöglichkeiten. Dann mag zwar der Job unmodern sein, die Zufriedenheit, die er auslöst, ist aber hochmodern (Wilkens 2016).

Welche weiteren Kriterien bestimmen Ihre Zufriedenheit? Sind es eher praktische Fragen, wie: Wie lange wollen Sie zur Arbeit unterwegs sein? Wollen Sie in eine andere Region ziehen? Welche Räumlichkeiten bevorzugen Sie? Das können Sie sich nicht aussuchen, meinen Sie, vielleicht nicht immer, aber sie können überlegen, ob Sie Kompromisse eingehen und diese dann bewusst eingehen. Das ändert viel.

Ich erinnere mich an Silke, sie arbeitete einige Jahre in einem fensterlosen Räumchen im Keller, ihr war bei einer neuen Arbeitsstelle sehr wichtig, Tageslicht, ein Fenster und mehr Platz zu haben.

Walter hatte eine Zeit lang in einem Großraumbüro zugebracht, das wollte er auf gar keinen Fall mehr.

Die Umgebung spielt für uns eine wichtige Rolle, denn wenn sie nicht passt, kann es uns auf Dauer krankmachen.

Der Entwurf

Nehmen Sie Ihre Patches zusammen: Fähigkeiten, Eigenschaften, Interessen und das Umfeld und erstellen Sie einen Entwurf Ihrer beruflichen Tätigkeit.

Anton, der Ghostwriter

Das Beispiel von Anton ist so eine Geschichte. Anton fand in der beruflichen Neuorientierung heraus, dass er sehr gerne schreibt, also nicht Reden oder Berichte: sondern Gedichte, Geschichten, kreative Texte. Er arbeitet sehr gern allein, nur ab und zu braucht er berufsmäßig Kontakt zu anderen. Eine brotlose Kunst würde manch einer sagen, so dachte auch Anton. Im Rahmen seiner Recherchen fand er heraus, dass es Berufsgruppen gibt, für die das Schreiben eines Buches einfach dazugehört. Die wenigsten können und wollen es jedoch, weil der Aufwand sehr hoch ist und es sie von ihrer eigentlichen Arbeit abhält. Und so werden für viele Bücher Ghostwriter engagiert, ebenso für Vorträge oder Reden (jeder weiß um bezahlte Redenschreiber aus der Politik und Gagschreiber aus dem Fernsehen). Anton entschloss sich, diesen Weg zu gehen, er wurde Freelancer und bot seine Fähigkeiten an. Heute hat Anton neben einem gut laufenden Gewerbe schon zwei Gedichtbände veröffentlicht.

Anton hat gut ein Jahr gebraucht, sein Business auf Kurs zu bringen. Durch die Unterstützung seiner Familie und ehemaliger Kollegen schaffte er es, sich ein Netzwerk aufzubauen, durch das ihm Aufträge vermittelt wurden und heute noch werden.

Patchworker oder Jobhopper?

Ob Sie als Patchworker oder Jobhopper wahrgenommen werden, ergibt sich aus der Beschäftigung und der sinnvollen Zusammenstellung der eigenen Patches. Sie müssen sicher nicht jede der bisher aufgeworfenen Fragen neu überdenken. Für einige kennen Sie die Antworten bereits seit Langem, über andere haben Sie vielleicht noch nie nachgedacht. Für eine Karriere als Patchworker ist es sinnvoll, einen Plan, ein Bild, ein Muster zu haben. Denn so können Sie alle bisherigen Stationen Ihres Lebens einpassen und die zukünftigen entsprechend aussuchen.

Beide Lebensläufe sehen nahezu identisch aus, sind gekennzeichnet von Knicken, Brüchen und vielleicht sogar Lücken. Die Wechsel umfassen Branchen- und Tätigkeitswechsel, verschiedene Unternehmen und sogar Orte. Unterschiedlich ist die Sicht auf die Berufswege. Während sich der Jobhopper getrieben fühlt auf der Suche nach Neuem, nach dem ultimativen Job oder gezwungen ist Wechsel hinzunehmen, ist der Patchworker anders vorgegangen. Seinem Berufsweg sind Überlegungen vorangestellt. Er hat ein Gesamtbild vor Augen, es ist ein Schirm über seinen Wechseln. Sie sind überlegt und bringen ihn seinem beruflichen Ziel näher.

Abstrakte Kunst oder roter Faden?

Wie entsteht ein stimmiges Bild Ihres beruflichen Werdeganges, wenn Branchen, Tätigkeiten, Regionen und Unternehmensstrukturen durcheinandergeraten sind? Wie lässt sich der rote Faden, das stimmige Muster Ihres Berufsquilts finden?

Sortieren Sie und pointieren Sie zum Beispiel nach:

Arbeitsinhalten – Fassen Sie die Kerninhalte Ihrer Arbeit zusammen und präsentieren Sie sie in einem Kompetenzprofil. Einer Seite, die dem Lebenslauf vorangestellt wird.

Branchen – Bringen Sie Ihren breiten Erfahrungsschatz in einer Branche auf den Punkt und stellen Sie das in den Vordergrund.

Projekten – Projektspezialisten sind vielseitig, zeigen Sie, dass Sie in den verschiedensten Projektsituationen einen kühlen Kopf bewahren, dass Sie termin- und budgetgerecht abschließen und dass Sie die unterschiedlichsten Mitarbeiter unter einen Hut bringen können.

Unternehmensstrukturen – Kennen Sie sich aus in Filialunternehmen, oder haben Sie in verschiedenen internationalen Konzernen gewirkt? Kennen Sie Verbände oder Vereine? Dann zeigen Sie es deutlich.

Wenn Sie diese Hinweise beachten, dann wird es Ihnen gelingen, bereits in den Bewerbungsunterlagen zu zeigen, dass Sie – egal wie bunt Ihr Lebenslauf ist – einen roten Faden haben, Sie lassen ein Muster – nein, Ihr Muster – erkennen. Wenn Sie in der Lage sind, die einzelnen Stationen zu verbinden, dann wird es Ihnen gelingen, auch den Personalrecruiter zu überzeugen: mündlich und schriftlich. Hier ein Beispiel: Nehmen wir uns den Lebenslauf von Martina. Martina ist fünfundvierzig Jahre alt und derzeit auf der Suche nach einem neuen Job. Ihr Lebenslauf ist sehr bunt und es fällt ihr schwer, darin einen roten Faden zu finden.

Martina, 45, Patchworkerin

Martina ist gelernte Verkäuferin. Nachdem sie zwei Jahre in diesem Beruf gearbeitet hat, entschließt sie sich zu einer radikalen Veränderung, weil sie sich mehr vom Leben erhofft. Der erste Wechsel geht recht schnell, sie beginnt als Vertriebsassistentin in einem Versicherungsunternehmen. Nach einem Jahr erkennt sie, dass Vertrieb nicht das Richtige ist, die ständige Kaltakquise liegt ihr nicht. Zeit für einen Neubeginn. Martina setzt sich noch mal auf die Schulbank und absolviert eine Lehre zur Reiseverkehrskauffrau, ein Beruf, in dem sie dann vier Jahre arbeitet, bevor es sie erneut in die Arme einer anderen Beschäftigung treibt. Marketing ist ihre neue Leidenschaft. Sie bewirbt sich in einer Marketingagentur für ein Praktikum und die Arbeit macht ihr Spaß. Dem Praktikum folgt der Wunsch, sich zur Marketingreferentin zu qualifizieren. Eine Qualifikation, die sie interessant und spannend findet. Was sie zu dem Zeitpunkt noch nicht weiß, weil niemand sie darauf aufmerksam gemacht hat, ist, dass sie für diesen Job einen Hochschulabschluss braucht. Also entschließt sie sich, zu studieren. Auch das schafft sie. Sie begibt sich jetzt auf die Suche nach einer Anstellung in der Marketingkommunikation und steht vor der Aufgabe, ihrem bisherigen Leben einen nachvollziehbaren Sinn zu geben. Wie denken Sie, kann sie das schaffen? – Machen Sie sich kurz Gedanken dazu und lesen Sie bitte erst dann weiter, wenn Sie eine Idee haben.

Fassen wir zusammen: Martina kann zu Ihrem aktuellen Studienabschluss einige relevante Erfahrungen einbringen. Aus dem Praktikum weiß sie, wie Marketingkampagnen funktionieren. Sie hat gelernt, den Markt zu beurteilen, hat an Kundengesprächen teilgenommen und war an der Konzeption einer Marketingstrategie beteiligt. Das fällt ihr leicht, da sie als Verkäuferin, im Vertrieb und in der Kundenberatung im Reisebüro gelernt hat, Menschen einzuschätzen, was ihr hier zugutekommt. Erfahrungen in einem weiten Spektrum der Gesprächsführung runden ihren Horizont ab.

Für Martina ist es jetzt wichtig zu entscheiden, in welcher Branche sie sich bewerben möchte und was eine gute Einstiegsposition sein kann. Mit fünfundvierzig ist Martina als Einsteigerin für den Marketingbereich recht alt, da hier das Durchschnittsalter eher bei Anfang dreißig liegt. Ein Blick auf den Arbeitsmarkt zeigt ihr, dass ein Einstieg als Marketingassistentin infrage käme. Sie kann sich vorstellen, den ersten Schritt in diese Richtung zu gehen und sich dann von innen heraus weiterzuentwickeln. Aus ihrem Lebenslauf ergeben sich mehrerer Möglichkeiten: Einzelhandel, Reise- oder Versicherungsbranche. Hier könnte der Einstieg am ehesten klappen. Da Martina sowohl in den Tätigkeiten, als auch in den Branchen viele Wechsel aufweist, würde sich ein erneuter kompletter Wechsel schwierig gestalten. Sie sollte sich also auf eine Branche besinnen, in der sie bereits Anknüpfungspunkte hat. Martina entscheidet sich für den Handel und erstellt die Unterlagen. Nach einer dreimonatigen gezielten Bewerbungsphase unterschreibt Martina ihren Arbeitsvertrag in der Marketingabteilung eines Handelsunternehmens.

Martina hat sich im ersten Schritt entschieden, eine Komponente beizubehalten und sich in Branchen zu bewerben, die sie kannte. Bei einem nächsten Wechsel kann Martina auch hier einen Schnitt machen und sich in anderen Branchen umsehen. Wenn sie sich entscheidet zu bleiben, kann sie in klassische Referentenstellen wechseln oder in die Unternehmenskommunikation.

Klaus, 40, Patchworker

Ganz anders bei Klaus. Klaus hat nach dem Abitur Krankenpfleger gelernt. Das war ihm nicht genug und er begann zu studieren, zuerst Musik, dann Soziologie und nach einem erneuten Wechsel des Studienfachs beendete er sein Studium als Germanist. Sein Studium finanzierte er mit redaktionellen

Tätigkeiten bei verschiedenen Zeitungen und beim Rundfunk. Im Anschluss an sein Studium arbeitete er als freier Redakteur für verschiedene Zeitungen, Rundfunk- und Fernsehsender. Irgendwann gründete er eine Familie und die freie Berufstätigkeit wurde zu unsicher. Er bekam eine Anstellung als Pressesprecher in einem Branchenverband. Die Familie zog um und Klaus arbeitete zunächst wieder als freier Redakteur. Es ergab sich, dass er bei einer Veranstaltung den Chef eines Bildungsträgers kennenlernte, der ihm einen Job anbot. Klaus war fortan als Projektleiter für Bildungsprojekte in der Betreuung Arbeitssuchender verantwortlich für die Weiterbildungen im Gesundheitsbereich. Doch Bildungsträger unterliegen einem starken Finanzierungsdruck und nach sechs Jahren lief die Förderung aus. Klaus machte sich erneut auf den Weg. Er entschied, dass er zukünftig seine Erfahrungen als Redakteur mit denen im Gesundheitsbereich verknüpfen wollte. Als ehemaliger Krankenpfleger kannte er sich mit den Gegebenheiten immer noch gut aus und als Projektleiter hatte er auf der Suche nach Einsatzstellen und Praktikumsplätzen viel über den Gesundheitssektor der Region erfahren. Gezielte Bewerbungen brachten ihm schließlich eine Stelle als Pressesprecher eines Vereins in der Behindertenfürsorge ein.

Das Beispiel von Klaus zeigt, dass eine Kombination von Erfahrungen, Fähigkeiten und den Marktanforderungen in vielen Fällen erfolgreich zum Ziel führt. Manchmal ist es erforderlich einen Zwischenschritt zu gehen, um dann das eigentliche Ziel zu erreichen.

Beiden Beispielen ist gemein, dass ihnen ein Entwurf zugrunde liegt, eine Überlegung, wie die einzelnen Patches zu einem stimmigen Gesamtbild zusammenzuführen sind. Die einzelnen Stationen mit langfristigen Ideen zu kombinieren, ist das Erfolgsrezept. Dazu können Sie neben den beruflichen Erfahrungen auch Interessen, Hobbys, Ihren Lebensentwurf, regionale Vorlieben und persönliche Eigenschaften in Ihre Überlegungen einbeziehen. Alles muss wie bei einem Quilt miteinander verbunden werden und ein

Bild, ein Motiv ergeben. Dabei kann durchaus deutlich werden, dass Sie vielseitig sind, aber Sie sollten ein Profil und eine eindeutige Positionierung zeigen.

Die Guten ins Töpfchen ... nutzen Sie Auszeiten

Zu Auszeiten wird es auch zukünftig immer wieder kommen, sei es, weil ein Job ausläuft, ohne, dass sie einen Anschlussjob haben oder dass Sie sich selbst eine Auszeit nehmen, um Ihr Wissen, Ihre Fähigkeiten zu trainieren oder zu erweitern. Prüfen Sie Ihre Patches regelmäßig hinsichtlich der Herausforderungen der Zukunft. So wie sich der Arbeitsmarkt wandelt, werden sich auch die Anforderungen an den Mitarbeiter der Zukunft wandeln. Seien Sie gerüstet. In der Arbeitswelt der Zukunft werden Branchen- und Fachwissen eng verknüpft sein mit Methodenwissen und sozialen Fähigkeiten.

Das das IFTF (Institute For The Future) hat folgende Faktoren für das Anforderungsprofil 2020 entwickelt:

Interpretationsfähigkeit: Aus dem immer größer werdenden Informationsfluss schnell und präzise die Daten herauszufiltern, die für Lösungen und Weiterentwicklungen erforderlich sind. Interpretationsfähigkeit: Nicht nur das Herausfiltern von Daten, sondern die richtigen Schlüsse daraus ziehen und in Lösungen umsetzen.

Soziale Intelligenz: Wir werden immer häufiger mit Menschen zusammenarbeiten, Menschen gleicher und unterschiedlicher Kultur, manchmal direkt und oft auch virtuell, das erfordert ein hohes Maß an sozialer Intelligenz.

Interkulturelle Kompetenz: In einer globalen Wirtschaft wird es entscheidend sein, mit unterschiedlichen Kulturen und Sprachen umgehen und Vielfalt nutzen zu können.

Adaptives Denken: Neue Probleme müssen situationsspezifisch erkannt und kreativ angegangen werden. Alles, was schematisch erledigt werden kann, machen Maschinen. Der Mensch kann mehr.

Digitales Denken: Wir müssen lernen, komplexe Daten und Zusammenhänge zu verstehen und in computerisierten Modellen auszudrücken.

Medienkompetenz: Immer neue Technologien werden im Alltag und der Arbeitswelt genutzt. Diese müssen wir beherrschen und verstehen werden.

Transdisziplinarität: trotzdem keine schlechten Karten für Fachidioten. Nur muss jeder Spezialist auch die externen Anknüpfungspunkte seiner eigenen Arbeit verstehen und nutzen.

Designer-Mentalität: Prozesse und Produkte werden mit dem nötigen Blick für Details, Umgebung und Sinn für den Nutzer gestaltet.

Lebenslanges Lernen ist ein Bestandteil jeder Arbeitsbiografie der Zukunft, ganz besonders aber der Patchwork-Biografie.

Jobsuche ist für Patchworker wie Kaltakquise – nur härter!

Denn während einem Selbstständigen klar ist, dass er sich spitz positionieren muss, dass sein Angebot Käufer anziehen muss und er sich ständig auf Akquisetour befindet, nehmen viele Patchworker noch die Nehmerposition ein. Laxe Aussagen hinsichtlich ihrer Expertise verbunden mit ungenauen Vorstellungen über die Zielgruppe (das/die Wunschunternehmen oder Branchen) bis hin zu teilweise dilettantischen Marketingunterlagen. Härter deshalb, weil sie es nicht gewohnt sind, aktiv auf den Markt zuzugehen, sondern passiv die Angebote (Stellenanzeigen) abwarten, halbherzig sondieren und unspezifisch reagieren. Auch wenn von zukünftiger Vollbeschäftigung die Rede ist, wird die Konkurrenz größer (Globalisierung) und die Anforderungen werden gesteigert (Digitalisierung). Wenn Sie einen Job suchen, der zu Ihnen passt, der Sie entwickelt und Ihre Bedürfnisse befriedigt, dann wird es Zeit, die Jobsuche zu professionalisieren.

Nachdem Sie Ihr Profil erarbeitet haben, sich Ihrer Wünsche und Ziele bewusst sind und Sie wissen, was Sie wo und wie wollen, kann die Bewerbungszeit starten. Es kommt jetzt darauf an, Ihren richtigen Adressaten zu finden und ihn von sich zu überzeugen. Vergleichbar ist dieser Prozess mit der Auftragsbeschaffung bei Selbstständigen und läuft folgendermaßen ab:

- interessanten Arbeitgeber finden
- Recherche zu Arbeitgeber
- passgenaue Ansprache
- Ansprechen
- Unterlagen zusenden
- Nachfrage
- Umgang mit Absagen

Interessanten Arbeitgeber finden und Recherche

Über das Finden von interessanten Arbeitgebern habe ich bereits in den vorangegangenen Kapiteln geschrieben. Ausgangspunkte sind Ihre Interessen, die mit den Dienstleistungen oder Produkten des Unternehmens in Einklang stehen, Ihr Profil, das in Übereinstimmung mit Ihren Wünschen zu bringen ist. An der nun folgenden Analyse des Marktes kommen Sie nicht vorbei. Denn einerseits gibt es Vakanzen, die ausgeschrieben werden, andere Positionen werden ausschließlich über Headhunter besetzt und ein nicht unbeträchtlicher Teil der Besetzungen läuft über Empfehlungen. Darüber hinaus gibt es Unternehmen, die Neubesetzungen über Zeitarbeit vornehmen und welche, die für Quereinsteiger unzugänglich sind. Über die einzelnen Zugangswege können Sie sich über Ihr eigenes Netzwerk, einen Coach oder auch durch die bereits aufgezeigten Jobinterviews informieren.

Recherchieren Sie, welche Zugangswege für Sie und Ihr Profil nutzbar sind:
- Netzwerke
- Stellenangebote
- Initiativbewerbungen
- Vermittlungen über Headhunter, Personalberater oder Personaldienstleister
- Existenzgründung

Überlegen Sie weiterhin, wie lange Sie sich auf ausgeschriebene Stellen fokussieren wollen, bevor Sie auch die anderen Zugangswege in Betracht ziehen. Meiner Erfahrung nach verharren viel zu viele Jobsuchende in der ewigen Stellenausschreibungsschleife, ohne sich über Alternativen ernsthaft Gedanken zu machen. Oft werden Alternativen wie Initiativbewerbung als sowieso nicht wirksam oder Zeitarbeit als ausbeuterische Alternative rundweg abgelehnt. Eine zeitliche Festschreibung hilft Ihnen zu erkennen, wann eine andere Strategie oder Methode angezeigt ist.

Offen für neue Wege
Angelika hatte sich beispielsweise das Ziel gesetzt, innerhalb von acht Monaten einen Job als Festangestellte zu finden. Sie setzte gleichzeitig auf Bewerbung auf Stellenausschreibungen, Initiativbewerbungen und Personalberater. Gleichzeitig führte sie Jobinterviews und fand so heraus, dass die angestrebte Beschäftigung ausschließlich im freiberuflichen Bereich einge-

kauft wurde. Erst bei längerer erfolgreicher Zusammenarbeit wäre die Möglichkeit einer festen Einstellung gegeben. Sie überprüfte ihre Optionen dahin gehend und begann als Freiberuflerin mit gleich mehreren Aufträgen, die sie aus den Interviews akquiriert hatte.

Da, wie bereits gesagt, ein Großteil der vakanten Stellen niemals ausgeschrieben wird, sollten Sie Ihr Netzwerk in die Suche einbeziehen. Dafür ist es erforderlich zu wissen, was Sie anbieten und was Sie konkret suchen. Mit einer klaren Darstellung können Sie Ihr Netzwerk gezielt nutzen. »Mein Netzwerk bringt mir da gar nichts. Ich kenne niemanden in der Branche oder in dem Bereich.« Viele meiner Klienten unterschätzen ihr Netzwerk. Aber denken Sie auch daran, dass Bekannte, Freunde und die Familie Menschen kennen könnten, die Ihnen sehr wohl weiterhelfen könnten.

Über Stellenausschreibungen sei hier zusammengefasst, nehmen Sie sie auseinander und prüfen genau, was Sie dem Unternehmen als Problemlöser anbieten können.

Wenn Sie sich dafür entscheiden, die Dienste eines Personaldienstleisters in Anspruch zu nehmen, prüfen Sie, ob langjährige Erfahrungen und/oder Branchen- oder Regionalspezialisierungen oder auch die Spezialisierung auf bestimmte Level von Führungspositionen vorliegen.

Weitere Recherchewege für den passenden Arbeitgeber sind Branchenbücher. Sie gegeben einen komplexen Überblick über den Arbeitgebermarkt. Auch die IHKs, Zeitungen und Zeitschriften, Blogs, Messen und Veranstaltungen eignen sich als Recherchetools.

Wo finde ich meine Wunscharbeitgeber?

Selbstständigen und Freiberuflern wird immer geraten, sich auf eine Zielgruppe zu fokussieren, genau das passt auch auf den Patchworker. Ihre Zielgruppe sind Unternehmen, Organisationen oder Branchen. Ihre Fokussierung kann aber auch auf Aufgaben ausgerichtet sein.

Wie finden Sie nun ein Unternehmen, in dem Sie arbeiten möchten? Ein Weg führt über die Analyse einzelner Unternehmen, deren spezifische Problemlagen, Erfolge oder Misserfolge. Das können Sie in Fachzeitschriften, Magazinen oder per Onlinerecherche erfahren. Oder Sie nehmen sich die gelben Seiten und suchen alle Unternehmen heraus, die in ihrer Wunschbranche tätig sind, schreiben diese entweder aktiv an oder warten auf eine Ausschreibung. Ersteres ist eine sinnvolle Ergänzung zu klassischen Wegen.

Wenn Sie wissen, welche Unternehmen für Sie infrage kommen, sehen Sie sich genau deren aktuelle Fragestellungen an. Denn stellen Sie sich vor, Markus bewirbt sich als Recruiter in einem Unternehmen, das genug Bewerbungen erhält, hätte er aufs falsche Pferd gesetzt.

Zufriedenheit im Job ist nicht allein von den Aufgabenstellungen abhängig, Kultur und Struktur des Unternehmens spielen ebenfalls eine große Rolle. Manche Menschen fühlen sich im Umfeld eines Großunternehmens wohl, andere bevorzugen den familiären Rahmen von kleineren Unternehmen oder unkonventionelles Arbeiten in einem Start-up. Finden sie heraus, was zu Ihrer Persönlichkeit passt. Hier ein paar Überlegungen:

Großunternehmen suggerieren durch ihre Größe Stabilität und Sicherheit. In der Vergangenheit konnte man davon ausgehen, dass sich Großunternehmen besser auf dem Markt behaupten können, weil Sie über mehr und bessere Ressourcen verfügten oder schlichtweg ihren Markt kontrollieren konnten. Sie waren beständiger und die Arbeitsplätze sicherer. Man ging zu Siemens und wurde Siemensianer oder zu Thyssen-Krupp und wurde Kruppianer. Die Entwicklungen der letzten Dekaden zeigen aber, dass es nicht immer so ist. Die Firmengröße ist keine Jobgarantie. Das zeigen der Zusammenbruch von Schlecker, der geplante Stellenabbau bei Bombadier, der Metro, Hewlett-Packard und der Allianz.

Worauf Sie sich verlassen können sind: lange gewachsene Strukturen. Sie bringen klare Regeln hervor, jeder kennt seine Vorgaben und Regeln. Nicht selten findet sich eine starke Bürokratie, interne Prozesse sind vorgegeben und daran haben sich alle Beteiligten zu halten.

Karriere und Karrierenchancen sind definiert, allerdings ist durch die große Vielfalt an Aufgabenbereichen ein Quereinstieg in einen anderen Bereich leichter möglich, es kann aber auch sein, dass Ihre Leistungen übersehen werden und Sie in der Masse untergehen.

Hohe Vergütungen können sich Großunternehmen eher leisten, vor allem Zusatzleistungen, Sozialleistungen und Betriebsrenten halten Mitarbeiter oft mehr im Unternehmen als die Zufriedenheit mit der Arbeit.

Kleinunternehmen
Schnellere Entscheidungswege, da flachere Hierarchien. In kleineren Teams ist es möglich, jeden zu kennen und das kann auch seine angenehmen Seiten haben und damit entsteht ein persönlicheres Umfeld. Flexibilität ist oft größer, da Absprachen schneller möglich sind, was sich bis auf die Arbeitszeit auswirkt. Verantwortung kann hier schneller übernommen werden, auch werden ihre Erfolge eher wahrgenommen, da es weniger Konkurrenz gibt.

Die schriftliche Bewerbung – Ihr Marketingprospekt

Dass Sie Ihren Lebenslauf klar und übersichtlich gestalten, brauche ich nicht zu erwähnen, dafür gibt es genug Literatur und Tipps. Wie Sie Ihren Lebenslauf gestalten, kann jedoch von einer ganz klassischen Darstellung abweichen. Anwendbar sind ein chronologischer oder thematischer Lebenslauf. Zur Verdeutlichung des roten Fadens im Sinne der Betrachter hat sich ein Kompetenzprofil als sinnvoll und hilfreich erweisen.

Der Lebenslauf

Der klassische Lebenslauf folgt der zeitlichen Chronologie, heute üblicherweise rückwärts, beginnend mit dem Aktuellsten. Der Berufsweg wird deutlich aufgezeigt, aber auch Brüche und Lücken genau erkannt. Es kann aber auch Umstände geben, bei denen sich eine Darstellung in der zeitlich normalen Abfolge empfiehlt, nämlich immer dann, wenn Sie beruflich an einer länger zurückliegenden Station, dem Studium oder der Ausbildung anknüpfen wollen. Das ist sehr individuell und von der Zielrichtung Ihrer Bewerbung abhängig.

Ein thematischer Lebenslauf ist anders strukturiert. Er folgt thematischen Schwerpunkten und ordnet die entsprechenden Stationen und Projekte den Thematiken zu. Das kann so aussehen wie bei Markus, Sie erinnern sich. Sein thematischer Lebenslauf sah so aus:

Thematischer Lebenslauf	
Personalbeschaffung	Stellenausschreibungen in Absprache mit den Fachabteilungen erstellen, Direktansprache, E-Recruiting
	Bewerbertage durchführen, Messestände betreuen
	Bewerberauswahl von der Vorauswahl über die Einstellungsgespräche bis zur Vertragsabwicklung

	Durchführung von Eignungstests DISG und MBTI	
	Mitarbeit bei der Planung und Durchführung von Assessment-Center	
	Verantwortlich für die Auswahl und Betreuung von Hochschulabsolventen	
	Filialleitung in der XXX, in Köln (80 MA)	04/93–06/97
	Referent für Recruiting und Entwicklung, XXX in Berlin (300 MA)	07/01–08/06
Betreuung	Kunden- und Personalbetreuung	
	Berater für medizinische und Versicherungsfragen, XXX, in Köln	07/01–08/06
Projektarbeit	Mitarbeit an der Einführung einer neuen Personalsoftware	
	Mitarbeit am Aufbau eines deutschlandweiten Personal-Entwicklungsoffice	
	Arbeit mit E-Learning	
	Referent für Recruiting, XXX in Berlin	2002
	Praktikum als Personalberater, XXX, in Berlin	2005
Kenntnisse	gute Kenntnisse im Arbeits- Sozial- und Steuerrecht, betriebliche Altersversorgung	
	SAP HR	
	AEVO-Ausbildung	
	Zusatzstudium Personal- und Organisationsentwicklung	
	Workshops zum Thema Personalmarketing	

Zugegeben, das ist gewöhnungsbedürftig und so mancher Entscheider würde daran vielleicht verzweifeln. Daher ist die Kombination von klassischem Lebenslauf und Kompetenzprofil besser, vor allem für Patchworker und Umsteiger.

Das Kompetenzprofil von Markus sähe so aus:

Meine beruflichen Kenntnisse, Fähigkeiten und Erfahrungen

Personalführung	Teamleitung für bis zu 70 Mitarbeiter Personaleinsatzplanung
Personalauswahl	Stellenausschreibungen in Absprache mit den Fachabteilungen erstellen, Direktansprache, E-Recruiting Bewerbertage durchführen Betreuung von Messeständen Bewerberauswahl von der Vorauswahl über die Einstellungsgespräche bis zur Vertragsabwicklung Durchführung von Eignungstests DISG und MBTI Mitarbeit bei der Planung und Durchführung von Assessment-Centern Verantwortlich für die Auswahl und Betreuung von Hochschulabsolventen
Personalentwicklung	Potenzialanalyse Fördergespräche, Evaluierung und Organisation von Trainingsmaßnahmen, Bildungscontrolling, Einarbeitung neuer Mitarbeiter, Weiterbildungsberatung inklusive Budgetverantwortung, Unterstützung bei der Ausbildung der Auszubildenden, E-Learning, Lehrtätigkeit Nachwuchskräfteförderung, Traineeprogramme
Betreuung	Kunden- und Personalbetreuung
Projektarbeit	Mitarbeit an der Einführung einer neuen Personalsoftware Mitarbeit am Aufbau Personalentwicklungsoffice Arbeit mit E-Learning
Weitere Kenntnisse	gute Kenntnisse im Arbeits-, Sozial- und Steuerrecht, in betrieblicher Altersversorgung, AEVO-Ausbildung (Ausbildereignung)

Der folgende Lebenslauf besteht dann nur noch aus Angaben zu Arbeitgebern, Zeiten und Orten.

Für welche Variante Sie sich entscheiden, ist Ihnen überlassen, es ist Ihr Leben, das Sie dort darstellen. Was wo Anklang findet, kann sowieso nicht vorhergesagt werden. Deshalb ist es besser, Sie präsentieren sich, wie es zu Ihnen passt, und finden so das richtige Gegenüber, denken viele. Doch diese Vorstellung ist falsch. Auch das Anschreiben ist mehr als eine Formsache oder der Ausdruck von Höflichkeit. Mit einem gelungenen Anschreiben können Sie gezielt den ersten Eindruck, den ein Unternehmen von Ihnen bekommt, steuern. Denn egal wie umfangreich Ihre Bewerbung ist. Das Anschreiben wird immer gelesen werden. Was glauben Sie wird passieren, wenn Ihr Anschreiben voller Tippfehler ist? Ein Leser wird sich schnell denken, so wie das Anschreiben ist, so arbeitet der Bewerber auch.

Auch wenn Sie vielleicht meinen, die Zeiten von Anschreiben seien doch vorbei. Ich kann Ihnen versichern, dass es keineswegs so ist.

Anschreiben

Gestern las ich, dass circa zweiundvierzig Prozent der Bewerber eine Bewerbung schon mal abgebrochen haben, weil sie den Prozess für zu aufwendig und kompliziert halten. Fünfzig Prozent von ihnen halten das Anschreiben für den nervigsten Teil (Indeed Deutschland GmbH 2016).

Bewerber scheinen sich also durchaus der Bedeutung des Anschreibens bewusst zu sein. Erstaunlich ist nur, dass Personalsuchende mir immer wieder berichten, dass Anschreiben wirklich sehr oft Bewerber disqualifizieren. Das gilt übrigens für alle Jobsuchenden und nicht nur Patchworker.

Bei elektronischen Bewerbungen ist die E-Mail heute das Anschreiben. Bei klassischen Bewerbungen der gedruckte Brief.

Viele Fehler bei E-Mail wie:

- falsche Anrede
- kein Datum im Anschreiben
- keine Adresse/Signatur in das Anschreiben oder der Text in der E-Mail, mit welcher Sie sich bewerben

Das wichtigste am Anschreiben: Passung vermitteln und zwar auf drei bis vier Ebenen:

- Passung zur Stelle
- Passung zum Bewerber (Authentizität)
- Passung zu Aufgabe
- eventuell Motivation

Für Patchworker ist wirklich das Anschreiben noch bedeutsamer als für klassische Bewerber, denn Sie müssen den Schirm, das Muster, den roten Faden Ihres Lebenslaufes im Anschreiben aufzeigen, ohne diesen nachzuerzählen. Leider passiert genau das sehr häufig. Bewerber wiederholen die Angaben aus dem Lebenslauf, ohne sich daraus ergebende Fragen zu beantworten. Da fällt es schwer, sich als Personaler für den Bewerber zu entscheiden. Phrasen, die sich vor allem aus zu engem Kleben an Mustern ergeben, finden sich in vielen Anschreiben wieder und erzeugen schon beim Lesen einen gewissen Unwillen. Natürlich ist es abhängig von Branche und Unternehmen, inwieweit Alltagssprache einem geschliffenen Text weichen sollte, doch das Hauptaugenmerk liegt immer noch auf dem Inhalt. Doch gibt es Formulierungen, die inhaltsleer sind, sich aber im ersten Moment gut anhören.

Bei einem Vorstellungsgespräch las einer der Entscheider dem Bewerber einen Satz vor und fragte ihn nach seiner Meinung dazu. Der Bewerber antwortete: »Keine Ahnung, was damit ausgesagt werden soll, ich verstehe den

Satz ja kaum.« Sie ahnen es bereits. Der Satz stammte aus seinem eigenen Anschreiben.

Was sind nun Phrasen, mit denen Sie sich schnell aus dem Prozess rauskicken können:

- *Einstiege wie: »Die von Ihnen ausgeschrieben Stelle hat mich angesprochen« – was fehlt, ist aber die Erklärung warum.*
- *Aussagen, die die Einschätzung durch den Verantwortlichen vorwegnehmen – für die beschriebenen Aufgaben bin ich die richtige Besetzung.*
- *Aufforderungen an den Leser – wie Sie meinem Lebenslauf entnehmen können, bringe ich die geforderten Voraussetzungen mit.*
- *Implizite Kritik – gern bringe ich meine Erfahrungen und Kenntnisse in Ihr Unternehmen ein, um Ihre Verbesserungen voranzubringen.*
- *Superlative*
- *Weitschweifige Erklärungen und Erläuterungen*
- *Unkonkrete Aussagen – besser Sie belegen das Gesagte mit konkreten und passenden Beispielen.*
- *Rhetorische Fragen, wie auch die – Sie suchen einen ...?*

Leider lesen wir genau diese Formulierungen immer wieder, da sie auch von einer Reihe von Musteranschreiben vorgeschlagen werden. Doch glauben Sie mir, ein angepasstes Musteranschreiben erkennen Auswahlverantwortliche sofort.

Als Patchworker können Sie vielleicht nicht der beste Bewerber in Bezug auf Geradlinigkeit im Lebenslauf, erworbene Kompetenzen und persönliche Fähigkeiten sein, doch Sie haben immer die Chancen einem Personalentscheider darzulegen, warum Sie genau der richtige Bewerber für die offerierte Position sind.

Sehr geehrte Frau Köhler,

ausgewiesene praktische Erfahrung im Recruiting und in der Entwicklung, ein Studium der Wirtschaftswissenschaften und viele Jahre Erfahrung in unterschiedlichen Branchen befähigen mich, Ihr HR-Team wirksam zu verstärken.

Die Erstellung und Durchführung von Präsenz- und Online-Assessment-Center für ein Beratungsunternehmen in Berlin gehörten von der Erstellung der Aufgaben, der Organisation bis zur Durchführung zu meinen Kerntätigkeiten. Ich war für die Vorbereitung und das Training der auf unterschiedliche Unternehmen zugeschnittenen Instrumente mitverantwortlich. Diese Erfahrungen flossen in die eigenverantwortliche Durchführung kompletter Recruitingprozesse ein, die ich als HR-Referent für die XXX GmbH in nationalen und internationalen Auswahlverfahren auf allen betrieblichen Ebenen durchführte. Im Rahmen der Personalentwicklung war ich unter anderem verantwortlich, für bestimmte Positionen die geeigneten Mitarbeiter zu identifizieren und diese entsprechend den Anforderungen zu entwickeln.

In einem nächsten beruflichen Schritt möchte ich mich jetzt ganz der Personalauswahl verschreiben, um Ihr Unternehmen langfristig bei der Sicherung des Fachkräftebedarfs zu unterstützen. Lassen Sie uns in einem persönlichen Gespräch abklären, auf welche Weise ich Ihre Aufgaben übernehmen und zum Erreichen Ihrer Ziele beitragen kann. Ich freue mich auf Ihre Einladung.

Viele Grüße

Markus K.

Passend zur Branche Wirtschaftsverbände, zum Unternehmen und zu Markus kommt es eher sachlich, nüchtern und auf den Punkt gebracht einher. Denn ein gutes Anschreiben beinhaltet mindestens zwei der drei Komponenten: Passung zur Stelle, zum Bewerber und zu den Aufgaben.

Ein weiterer Punkt, der oft im Anschreiben gefordert wird, ist die Motivation darzulegen, warum man sich bei einem Unternehmen bewirbt. Bevor Sie nun schreiben, dass Sie einfach mit Leidenschaft und Herzblut für einen Filtergerätehersteller arbeiten möchten oder schon immer davon geträumt haben im Entsorgungsbereich zu arbeiten, bleiben Sie besser glaubwürdig. Nicht immer ist es möglich, eine Motivation für eine Branche oder ein Unternehmen zu finden. Das wissen übrigens die Unternehmen auch. Was noch bedeutsamer ist, Sie können sicher sein, dass ein Personaler jede Floskel bereits kennt.

Mein Tipp: Lassen Sie im Zweifel Ihre Motivation, warum Sie bei dem angeschriebenen Unternehmen arbeiten wollen, besser weg, denn schlimmer als keine Motivation ist eine gequälte Motivation.

In meiner Zeit als Personalverantwortliche in verschiedenen Abteilungen kam es vor, dass auf eine Stelle mehrere hundert Bewerbungen eingingen. Bei gefühlten 80 Prozent der Bewerbungen waren die Motivationssätze wortwörtlich von unserer Unternehmenshomepage entnommen. Es ist schon erstaunlich, wie ähnlich sich Bewerbungen fast immer sind. Bei der Vielzahl an Bewerbungen, die Unternehmen prüfen müssen, können Sie davon ausgehen, dass die Personalabteilungen jede oberflächliche Floskel, warum man unbedingt in dem jeweiligen Unternehmen arbeiten möchte, schon einmal gelesen haben und sofort erkennen. Konzentrieren Sie sich wie Markus dann lieber darauf, dass Sie die Aufgaben erfüllen können, und belegen Sie das mit ihren bisherigen Erfahrungen.

Manchmal kann das Anschreiben auch lockerer ausfallen. So können Sie zum Beispiel den Einstieg in die Branche wählen.

Ihre Anzeige hat mich veranlasst, meine Ausrüstung zusammenzupacken und meine Bewerbung auf den Weg zu bringen. Inspiriert hat mich neben meiner eigenen Leidenschaft für Outdoor-Aktivitäten auch der intensive Gedankenaustausch mit Herrn Muster über die Branche. Mir wurde erneut deutlich, dass ich selber gerne Produkte vertreiben möchte, mit denen ich mich hundertprozentig identifiziere. ...

Als Patchworker zum Erfolg | **159**

Oder auch: *Ein festliches Bankett will geplant, der Ablauf organisiert, die Räumlichkeiten gestaltet und kulinarisch abgerundet sein. Mich begeistern die exzellenten Bankette in Ihrem Haus, und gern bringe ich meine vielseitigen, handwerklichen Fähigkeiten ein. Stets lasse ich mich zu Neuem inspirieren und kann andererseits meine Kenntnisse zum Beispiel der arabischen Küche in Ihre Angebotspalette mit einbringen. ...*

Doch beachten Sie immer: Um eine wirklich authentische und individuelle Ansprache zu finden, muss man sich mit der Branche, dem Unternehmen auseinandergesetzt haben. Sie müssen die Gepflogenheiten kennen, die Unternehmenswerte und manchmal auch die Sprache des Unternehmens und damit meine ich nicht Englisch oder Französisch. In einem speziellen Fall funktionierte ein Anschreiben, das ich aufgrund seines doch recht ungewöhnlichen Ein- und Ausstiegs noch anführen möchte.

Sehr geehrte Frau Mustermann,

als ich Ihre Anzeige las, klopfte mein Herz und meine Augen leuchteten, denn ich wusste, das ist die Stelle, die ich haben will. Seitdem überlege ich, wie ich Sie von meiner Eignung überzeugen kann. Indem ich Ihnen erzähle, dass ich ...

• *[Es folgen fünf Punkte, die zur ausgeschriebenen Stelle passten]*

Wenn jetzt Ihre Augen leuchten und Ihr Herz klopft, sollten wir uns kennenlernen.

Mit freundlichen Grüßen

XXX

Bereits am nächsten Tag kam die Einladung und auch dort überzeugte die Kandidatin und wurde eingestellt. Es handelte sich übrigens um eine Stelle im Marketing eines weltweit operierenden Unternehmens für Eventparks und Museen.

Tipps und Tricks für Patchworker

Setzen Sie also die Patches Ihres Lebenslaufes so zusammen, dass ein erkennbares Muster, ein attraktives Bild entsteht. Stellen Sie dabei die Stücke in den Mittelpunkt, die ins Auge fallen sollen. Die anderen Dinge, die Sie auch ausmachen, drapieren Sie um dieses Mittelbild herum. Seien Sie ehrlich, unterschlagen nichts, sondern ordnen in einer besonderen Weise an. In Ordnung ist es, die Unterlagen den Ausschreibungen anzupassen.

Damit geht einher, dass Sie sich intensiv mit Ihrer Haltung auseinandersetzen, denn weder im Anschreiben noch im Vorstellungsgespräch darf spürbar werden, dass Sie unzufrieden mit Ihrem bisherigen Arbeitgeber waren und deswegen gekündigt haben. Wenn Ihnen gekündigt wurde oder ein Abstieg unumgänglich war, sind besser Umstrukturierungsmaßnahmen, Outsourcing oder Ähnliches der Grund für das Ende des Arbeitsverhältnisses. Wurde die Beschäftigung während der Probezeit beendet, dann stimmte die Passung zwischen Ihnen und dem Unternehmen nicht. Achten Sie in diesem Zusammenhang auf Ihr Arbeitszeugnis. Ein Arbeitszeugnis, das Ihnen Schwächen in der Arbeitsleistung attestiert, kann zu einem heftigen Stolperstein werden. Meist geschehen nicht sachgerechte Formulierungen in einem Arbeitszeugnis aus Unkenntnis und sind vermeidbar. Viele Menschen sind sich nur im Moment des Zeugniserhalts gar nicht bewusst, ob möglicherweise problematische Wertungen enthalten sind, die bei der nächsten Bewerbung zum K.-O.-Kriterium werden. Ein freundliches Gespräch mit der HR-Abteilung führt in den allermeisten Fällen zu einer positiven Anpassung des Zeugnisses.

Umgekehrt sollten negative Aussagen über ehemalige Arbeitgeber oder Chefs vermieden werden. Zum einen sind Sie Ihrem ehemaligen Arbeitgeber gegenüber auch nach Ende des Arbeitsverhältnisses zu einer gewissen Loyalität und Verschwiegenheit verpflichtet. Zum anderen wirft eine herbe Kritik am ehemaligen Arbeitgeber in der Regel nur ein schlechtes Bild auf Sie selbst. Der Gesprächspartner kommt auf den Gedanken, dass Sie es mit ihm später genauso machen würden.

Darf im Lebenslauf und Anschreiben gelogen werden?
Angeblich ist heutzutage fast jeder Lebenslauf aufgehübscht. Das ist bis zu einem gewissen Grad auch in Ordnung, jede Firma macht das in ihrer Außendarstellung. Doch von Lügen ist Abstand zu nehmen, denn wenn diese auffliegen, droht die Kündigung beziehungsweise Anfechtung des Arbeitsvertrages.

Auf Personalkongressen wird immer wieder darüber berichtet, dass gerade bei Bewerbungen in digitaler Form Zeugnisse, Beurteilungen und Fähigkeitsnachweise manipuliert werden. In Zeiten, wo Studierende schon einmal ein Plagiat als Hausarbeit oder sogar als Bachelor Arbeit abgeben, da scheint so mancher Bewerber auch geneigt zu sein, Arbeitszeugnisse sich mal eben selbst neu zu schreiben oder die Note auf dem Diplomzeugnis ein wenig zu verändern. Wenn die Bewerbung digital erfolgt, erscheint für manchen die Versuchung sehr groß zu sein. Doch Vorsicht: Die meisten Tricks kennen Personaler sowieso und so katapultieren Sie sich schon vor dem Gespräch ins Aus. Es gibt auch Fälle, wo mit Beginn der Beschäftigung die Originalzeugnisse angefordert werden oder vor Anstellung eines neuen Bewerbers Arbeitszeugnisse dem ehemaligen Arbeitgeber mit der Bitte um Echtheitsbestätigung vorgelegt werden.

Im Gespräch

Sind Sie dann im Gespräch, sollten Sie sich als Patchworker mit Fragen auseinandersetzen, die besonders aus Ihren Brüchen und Knicken in der eigenen Biografie resultieren. Neben den Frage-Klassikern, die heute immer noch gestellt werden, wenn Personaler das Gespräch dominieren: Erzählen Sie mal was über sich. Warum haben Sie sich bei uns beworben? Auch immer noch beliebt: Was sind Ihre Stärken und Schwächen? Dazu können Fragen kommen wie:

- Warum haben Sie so häufig gewechselt?
- Wie ist das Arbeitsverhältnis mit XXX auseinandergegangen?
- Welche positiven Faktoren sehen sie in Ihrem Berufsweg?
- Was ist kritisch daran?
- Würden Sie sich heute an der Stelle noch mal so entscheiden? Wenn nein, wie dann?
- Was motiviert Sie?
- Wo sehen Sie sich in fünf Jahren? (Auch ein Klassiker wurde schon mal für einen befristeten Vertrag gestellt. Der Vertrag endete nach achtzehn Monaten und war nicht verlängerbar.)
- Was war Ihr größter Erfolg und was war Ihre Fähigkeit dabei?
- Was ist für Sie ein guter Chef/Kollege? Hatten Sie das schon mal?
- Wie erklären Sie die Brüche in Ihrem Lebenslauf? Hier wird dann bei speziellen Übergängen noch mal vertieft nachgefragt.
- Warum sollen wir Sie einstellen?
- Was hebt Sie von Ihren Mitbewerbern ab?

Wenn Sie sich intensiv mit Ihrem Lebenslauf auseinandergesetzt haben, sich gezielt bewerben und zu Ihrem Leben stehen, dann werden diese Fragen, auch wenn Sie als Stressinterview gestaltet werden, keine Hürde für Sie darstellen.

Die eigene Präsentation bei XING, LinkedIn und Co.

Egal, ob Sie sich beruflich völlig neu orientieren möchten oder einen neuen Job suchen, eines sollte Sie immer begleiten. Ein gutes Netzwerk. Netzwerken gehört heute mehr denn je zu unserem Leben. Facebook, XING und Co. begleiten uns fast täglich. In bestimmten Berufen ist es daher unerlässlich, ein gutes und aussagekräftiges XING-Profil zu haben. Falls Sie international suchen, dann ist auch das Businessnetzwerk LinkedIn zu empfehlen. Schon allein deshalb, weil immer mehr Arbeitgeber sich diese Profile ansehen und zum Beispiel auf Unstimmigkeiten zu Ihrem Lebenslauf prüfen. Eine sehr große Rolle nimmt es auch im Active Sourcing ein, indem Unternehmen auf diese Profile zugreifen und Ihnen Jobs direkt anbieten.

Beim sogenannten CV-Parsing erkennt das System mit hoher Sicherheit die in einem Lebenslauf oder Social-Media-Profil hinterlegten Daten (zum Beispiel Vorname, Nachname, Geschlecht, Anrede, Geburtsdatum, Adressdaten, Foto (via Gesichtserkennung). Auch zusätzliche Daten wie zum Beispiel vorherige Karriere-Positionen, Arbeitgeber, Hochschulabschlüsse, Fachkenntnisse et cetera können analysiert, extrahiert und anschließend in die korrekten Felder eingefügt werden. Unterstützt werden fast alle Dateiformate und ein zusätzliches Tool sorgt dafür, dass auch bei Scans von Arbeitszeugnissen der Text erkannt und extrahiert werden kann.

Damit ist die Übernahme der Bewerberdaten aus den Profilen gesichert und ermöglich so die One-Klick-Bewerbung. Erste Unternehmen testen diese bereits auf ihren Karriereseiten.

Beispiel: sixt oder die Raiffeisenbank

Sie übertragen dabei mit einem Fingertipp Ihre Daten aus einem frei gegebenen Profil in das Bewerbungsformular des Unternehmens. Dort können Sie sie noch einmal überarbeiten und mit einem weiteren Klick geben Sie ihre Bewerbung dann endgültig frei. Alternativ können Sie Ihren Lebenslauf auch aus einem Onlinespeicher wie Dropbox, Google Drive oder Apples ICloud hochladen, kurzes Anschreiben dazu und fertig.

Positiv an Karriere- und Businessnetzwerken ist, dass Sie gegenüber den Eingabemasken von Online-Bewerbungstools, die Unternehmen selbst verwenden, keine Beschränkung in Art und Umfang von relevanten Fakten darstellen. Profile im Netz können zunehmend frei gestaltet werden. Individualität, die heute oft in Bewerbungen vermisst wird, wird wieder möglich.

Ein weiterer Aspekt im Personenmarketing in eigener Sache sind Postings bei Facebook und Twitter. Eine aktuelle Studie »Social Media Report HR 2010« ergab, dass rund 40 Prozent der HR-ler Social Media regelmäßig nutzen und rund 60 Prozent Bewerber googeln, bei XING, Facebook und StudiVZ prüfen. Und das gilt nicht nur für Fachkräfte, sondern zunehmend auch für Trainees und Volontäre.

Das Augenmerk liegt dabei neben Bildern auch auf den Inhalten von Posts, um Hinweise auf Rechtschreibung und Ausdrucksweise zu erhalten. Ebenso geben die gewählten Benutzernamen Aufschluss und können zum Ausschluss aus dem Bewerbungsverfahren führen.

So beugen Sie vor:
- googeln Sie Ihren Namen und finden sie heraus, welche Informationen über sie im Netz sind
- professionalisieren Sie Ihr Profil im Netz, folgen Sie interessanten Unternehmen
- nutzen Sie die Privatsphäre-Funktion der Netzwerke
- sorgen Sie auf Ihrem öffentlichen Profil für Seriosität

Bisher nutzen Bewerber hauptsächlich die bekannten Social Media Kanäle, die bereits besprochen sind. Ein neuer und nicht zu unterschätzender Kanal ist Instagram. Gründe dafür sind die überdurchschnittlich hohe Interaktionsrate bei Instagram, die prominentere Präsentation von Bildern und die dadurch erhöhte Aufmerksamkeit.

Auch wenn es sich hierbei um ein Bildernetzwerk handelt, können Kurzvideos (fünfzehn Sekunden), Spruchbilder und Infografiken genutzt werden. Wo liegt jetzt der Nutzen für den Bewerber, fragen Sie sich vielleicht? Einmal für die aktive Jobsuche, indem Sie gezielt nach Jobangeboten suchen, interessanten Arbeitgebern folgen und deren Posts kommentieren. Passiv können Sie auch hier ein aussagekräftiges Profil erstellen und mit entsprechenden Hashtags gefunden oder empfohlen werden. Kombinieren Sie Ihre Social-Media-Aktivitäten und erhöhen so Ihre Sichtbarkeit.

Bei der Gestaltung des eigenen Online-Profils sollten Sie einiges beachten:
- Genau wie beim Bewerbungsfoto gilt auch beim Profilfoto: Seriös, lächeln, offener Blick. Bitte kein Selfie nehmen!
- Karrierestationen wie im Lebenslauf mit Tätigkeitsschwerpunkten versehen
- Ausbildungen und Qualifikationen aufnehmen
- Auszeichnungen und Mitgliedschaft in Organisationen genauso wichtig nehmen, denn hier zeigt sich Ihr Engagement, aber erfinden Sie keine, das punktet auch hier nicht.
- Die One-Klick-Bewerbung wird sich durchsetzen, zumal meist jüngere Bewerber sich fragen, wozu sie alles auflisten sollen, wenn im Netz sowieso alle Daten vorhanden sind.
- Nutzen Sie bei XING vor allem auch die Zeile »Aktuelle Tätigkeit«. Die folgende Aussage führt Sie bestimmt nicht weiter: »Bereit für den nächsten Karriereschritt.« – »Vielleicht in Ihrem Unternehmen?«

Stellen Sie hier lieber dar, was konkret Sie suchen – einen Jobtitel oder eine Berufsbezeichnung werden positiver wahrgenommen.

Das Bewerbungsvideo auf YouTube & Co
Gerade für einen Patchworker kann ein Bewerbungsvideo eine gute Alternative sein, einen ersten Eindruck als Persönlichkeit zu geben. In den USA ist das bereits gang und gäbe. In Deutschland wird diese Form der Bewerbung zurückhaltend beurteilt. Ein Grund ist sicher, dass das Anschauen der Filme Zeit kostet, die ein Recruiter nicht hat. Zumal sie keine eigenständige Bewerbungsform sind, sondern die klassische Bewerbung ergänzen. Dabei sollten sie maximal zwei Minuten lang sein. Sogar in kreativen Berufen oder in der Medienbranche stellen sie zurzeit noch eine Ausnahme dar.

Das eigene Unternehmen

Im Rahmen von Patchwork-Karrieren wird der eine oder die andere auch die Möglichkeiten und Chancen der Selbstständigkeit in Betracht ziehen. Manchmal ist es aber auch ein Zwischenschritt auf dem Weg in eine neue Festanstellung oder wird notwendig, wenn sich die eigenen Vorstellungen auf dem Arbeitsmarkt so gar nicht umsetzen lassen. Ich kenne die Konstellation, dass Führungskräfte in Konzernen infolge von Umstrukturierungen abgebaut werden. Sie bekommen dann mit 45 bis 55 eine gute Abfindung, benötigen aber eigentlich einen neuen Job bis zur Rente.

Wenn das nicht klappt, bietet sich die Selbstständigkeit an. Der ehemalige Personalmanager wird dann zum Recruitingspezialisten, der ehemalige Abteilungsleiter zum Vertriebsberater oder zum Strategieberater.

Elke K., achtundvierzig, Trainerin

Elke K. war Abteilungsleiterin in einem Versicherungskonzern. Aufgrund der Zusammenlegung einiger Abteilungen und der Verlegung der Hauptverwaltung in eine andere Stadt schloss sie einen Aufhebungsvertrag. Nach einer zwölfmonatigen Suche über Headhunter und Personalberater wurde klar, dass sie mit ihren 48 Jahren trotz hoher Qualifikation und sehr guten Zeugnissen keine neue Anstellung finden konnte. Elke entschloss sich, zur Selbstständigkeit als Beraterin für Vertriebsstrategien und Vertriebstrainerin. Im Lauf der nächsten drei Jahre baute sie ein heute erfolgreiches Business auf.

Klar muss Ihnen allerdings sein, dass Sie bei einer Selbstständigkeit das volle Risiko tragen. Sie sind selbst verantwortlich für Ihre Vorsorge im Krankheits- und Rentenfall sowie Unfälle und Arbeitslosigkeit. Regelmäßige Zahlungseingänge sind nicht garantiert. Ständige Aktivitäten zum Beispiel in der Akquise, Selbstmotivation und eine gehörige Portion Disziplin sind erforderlich.

Selbst gründen

Der Schritt in die Selbstständigkeit kann auf verschiedenen Wegen gegangen werden. Sie können ein völlig neues, eigenes Business als Gewerbetreibender oder als Freiberufler gründen. Während beim Ersteren eine Anmeldung beim Gewerbeamt nötig ist, reicht dem Zweiten eine Anmeldung beim Finanzamt. Eine Liste der freien Berufe können Sie beim Bundesverband der freien Berufe einsehen.

Selbst gründen braucht Zeit und langem Atem. Für Freiberufler und kleinere Selbstständige gilt, dass ein bis zwei Jahre an Zeit benötigt werden, bis das neue, eigene Geschäft läuft. Für diese Zeit müssen vor allem finanzielle Ressourcen verfügbar sein. Das Arbeitsamt hilft beim Gründen. Gründen geht schnell, die Anmeldungen erledigen und fertig. Doch die Entwicklung der eigenen Geschäftsidee, Positionierung, Finanzierung und

Kundenansprache entwickeln sich nicht über Nacht. Auch wenn es nicht von der Arbeitsagentur verlangt ist, da Sie keine Förderung anstreben, ist ein Businessplan empfehlenswert. Die Grundüberlegungen über Ihr Angebot, Ihre Wunschkunden und eine Analyse des Marktes beziehungsweise der Kundenwünsche sollten Sie sowieso treffen. Ein Finanzplan rundet das Paket ab.

Sie können aber auch mit Unterstützung der Agentur für Arbeit gründen, wenn Sie aus der Arbeitslosigkeit heraus ein Geschäft aufziehen möchten. Die Förderung gibt es für maximal sechs Monate nach Vorlage und externer Prüfung von Business- und Finanzplan. Gewährt wird es, wenn alles stimmig ist und Sie den Gründungszuschuss beantragt haben, wenn noch mindestens für einhundertfünfzig Tage ein Anspruch auf Arbeitslosengeld besteht. Der Betrag wird dann in Höhe des Arbeitslosengeldes plus einem Zuschuss zu den Sozialversicherungen gezahlt, für die Sie selbst aufkommen müssen.

Eine gerne übersehene Option: Interimsmanagement

Eine Option für erfahrene Fach- und Führungskräfte ist das Interimsmanagement. Seit den 1980er-Jahren ist in Deutschland der Einsatz befristeter Managementkräfte zu beobachten. Die Dachgesellschaft Deutsches Interim Management e. V. (DDIM) zählte 2013 bereits 6.200 Interims Fach- und Führungskräfte und prognostizierte ein Wachstum von zehn und dreißig Prozent pro Jahr. Häufigste Einsatzfelder für potenzielle Interessenten an dieser besonderen Form der selbstständigen Betätigung finden sich im Projektmanagement, im Personalbereich, der Geschäftsführung, im Controlling und in Marketing- und Kommunikationsabteilungen.

Stefanie, siebenunddreißig, Interimsmanagerin

Für Stefanie war es anfangs eher die Notwendigkeit, die sie ins Interimsmanagement führte. Aufgrund eines Unglücks stand sie plötzlich mit zwei Kindern als alleinerziehende Mutter da. Ihre bisherige Tätigkeit in der Führungsetage konnte sie nach einer Auszeit nicht wieder aufnehmen. Stefanie entschied sich, als Interimsmanagerin zu arbeiten. Sie spezialisierte sich auf die Erarbeitung von Finanzstrategien für von Insolvenz betroffene Unternehmen.

Interimsarbeitsplätze sind zeitlich begrenzte Einsätze in Firmen, die aufgrund eines Mitarbeiterausfalls für mehrere Monate einen Ersatz benötigen. Typische Einsatzfelder für Interimsmanager sind der Aufbau von Vertriebsstrukturen oder Geschäftsprozessen in Start-up-Unternehmen oder die Einführung eines Controlling-Instrumentariums in einem mittelständischen Unternehmen oder einer Konzerntochter. Großunternehmen greifen auf Interimsmanager zurück, wenn Sie erfahrene Führungskräfte für einen klar definierten Zeitraum benötigen und diesen Bedarf nicht über einen klassischen Anstellungsvertrag decken können oder wollen, weil beispielsweise betriebliche Regelungen einen späteren Stellenabbau nicht erlauben würden. Die Verdienstmöglichkeiten für Interimsmanager sind verlockend. Bis 930 Euro pro Tag werden gezahlt. Damit sind für die Unternehmen die Interimsmanager meist preisgünstiger als klassische Berater aber deutlich teurer als fest angestellte Führungskräfte. Eine weitere Besonderheit im Interimsmanagement ist, dass im Gegensatz zur typischen Beraterrolle ein Interimsmanager seinen Fokus nicht auf eine Problemanalyse hat, ein Konzept entwickelt und die Umsetzung im Unternehmen bestenfalls begleitet. Interimsmanager sind für eine bestimmte Zeit fest und jeden Tag im Unternehmen, denn sie nehmen eine Führungsrolle in einer Abteilung oder in einem Projekt fest wahr. Sie sind somit Teil der Mannschaft. Die Tätigkeit endet meist mit Ende des Projektes oder wenn eine neue Person gefunden ist, die dann die Position des Interimsmanagers auf Dauer übernimmt.

Gabriele, Interim als Übergang
Gabriele war noch mit dem Aufbau ihrer Selbstständigkeit beschäftigt, die im ersten Jahr nicht so richtig anlaufen wollte, als sie den Anruf einer Agentur für Interimsvermittlungen erhielt. Ihr flatterte ein auf zehn Monate begrenztes Angebot in Ihrem Fachbereich auf den Tisch, das ihr von den zeitlichen und örtlichen Rahmenbedingungen erlaubte, ihren Geschäftsaufbau weiter voranzutreiben und trotzdem über geregelte Einnahmen zu verfügen. Da ein aufwendiges Bewerbungsverfahren entfällt, wurde man sich schnell handelseinig.

Wer sich auf dieses Modell einlässt, dem sollte allerdings klar sein, dass die klassische Karriereleiter hier außen vor ist. Die Arbeit erfolgt in der Regel auf dem Karrierelevel, auf dem man vor dem Wechsel war, es kann aber auch etwas darunter sein. Zudem sollte man sich, wie andere Selbstständige auch, ein gewisses finanzielles Polster anlegen, da eine durchgängige Beschäftigung nicht garantiert wird. Laut der AIMP-Studie arbeiten Interimskräfte nur etwa einhundertvierzig Tage im Jahr – dann allerdings mindestens zehn Stunden am Tag. Insofern gleicht das Interimsmanagement der Zeitarbeit.

Das jedoch Wichtigste für einen Interimer ist sein Netzwerk. Über das akquiriert er circa 60 Prozent seiner Aufträge. (Maria Fiedler/dpa/vet 2013)

Betriebsübernahme
Sie können einen bestehenden Betrieb übernehmen. Allein in Deutschland wurden und werden nach aktuellen Schätzungen des Instituts für Mittelstandsforschung (IFM) Bonn in den Jahren 2014 bis 2018 circa 135.000 Unternehmen übergeben. Das entspricht etwa 27.000 pro Jahr. Davon sind 54 Prozent familieninterne Weitergaben. Sie sehen, in diesem Sektor gibt es viele Möglichkeiten. (Kay/Suprinovic 2013)

Bei einer Betriebsübernahme haben Sie die Möglichkeit einen bestehenden Betrieb fortzuführen. Sie können auf ein eingespieltes Team, Kunden und Lieferanten sowie eingeführte Dienstleistungen oder Produkte setzen. Das hat aber auch seinen Preis und die Frage der Unternehmensbewertung in diesem Zusammenhang ist eine ganz wesentliche. Ebenso wie die Fragen: Kauf oder Rente? Und völliger Übergang oder weitere Mitarbeit des Alteigentümers. In der Praxis zeigt sich, dass es nicht so einfach ist, ein passendes Unternehmen zu finden, denn Branche, Standort und Kaufpreis müssen stimmen. Sicher ist das ein Grund dafür, dass von den 46 Prozent der Übergaben an Fremde ungefähr 17 Prozent an eigene Mitarbeiter und nur 27 Prozent an fremde Führungskräfte übertragen werden.

Franchisesysteme

Ebenso können Sie überlegen, in ein Franchisesystem einzusteigen. Davon gibt es in Deutschland derzeit etwa 950 in den Bereichen Dienstleistung, Handel, Gastronomie und Handwerk/Bau/Sanierung. In diesem Fall übernehmen Sie ein markterprobtes und etabliertes Geschäft. Schutzrechte, Einkaufsvorteile, Schulungen und Dienstleistungen sowie Unterstützung in betriebswirtschaftlichen Fragen, in Marketing und PR werden bereits fertig mitgeliefert. Dafür zahlen Sie im Gegenzug als rechtlich selbstständig und eigenverantwortlich operierender Franchisenehmer monatliche Gebühren. Sie müssen sich beim Einstieg in ein Franchisesystem bewusst sein, dass Sie auf Produkte, Dienstleistungen, Marketing und oft auch auf die Lieferanten keinen Einfluss haben. Trotzdem ist es eine gute Alternative, wenn Sie zu einer Selbstständigkeit tendieren, aber das Risiko scheuen, sich ganz allein auf dem Markt behaupten zu müssen. Franchisekonzepte sind in der Regel erprobt und haben die Markteinführung bereits hinter sich.

Der Weg ins Franchiseunternehmen
Vor einigen Jahren habe ich eine Franchisenehmerin bei der Eröffnung eines Ladens begleitet. Der Franchisegeber unterstützt Sie bei der Marktrecherche, bei der Anmietung eines geeigneten Ladens. Einrichtung, Marketingaktivitäten, Produkte und Lieferanten bekam sie von der Zentrale gestellt beziehungsweise benannt. Verträge wurden für sie ausgehandelt. Mit der Firma im Rücken konnten hier durchweg gute Konditionen erzielt werden. Sie kümmerte sich um die Einstellung ihrer Mitarbeiter, lernte das Abrechnungssystem kennen und machte sich der regionalen Öffentlichkeit bekannt. Die ganze Vorbereitungszeit nahm neun Monate in Anspruch inklusive ihrer Ausbildung in einem etablierten Geschäft der Kette. Der Eröffnungstag wurde ein voller Erfolg und das Geschäft lief gut. Sie hat diesen Schritt nie bereut.

Die Chance in der Krise – Resilienz im Job

Resilienz scheint gegenwärtig ein Modewort zu sein. Doch im Grunde haben wir das alle schon einmal erlebt, Prüfung nicht geschafft, Absage bekommen, in der Probezeit gekündigt worden.

Durststrecken, Ablehnungen, Kündigungen und weitere berufliche Unwägbarkeiten können uns jederzeit treffen.

Viele geraten bei solchen Erlebnissen in Schockstarre. Sie suchen die Schuld bei sich selbst und werden passiv oder gar depressiv. Resiliente Menschen dagegen suchen nach Auswegen, nach Alternativen. Sie analysieren die Ursachen und finden Lösungen und behalten so die Kontrolle über ihr Leben.

Resilienz wird nicht zuletzt aus diesem Grund als eine der wichtigsten Fähigkeiten der Zukunft genannt. Denis Mourlane, Psychologe und Buchautor, nennt sie die unentdeckte Fähigkeit der wirklich Erfolgreichen. Es ist die Fähigkeit aus Krisen gestärkt hervorzugehen, Chancen statt Risiken zu sehen und die innere Balance zu halten.

Die erste gute Nachricht ist, dass wir alle über eine Basisresillienz verfügen, sonst wären wir nicht mehr in der Lage zu arbeiten, denn den zunehmenden Druck, die ständigen Veränderungen in der Arbeitswelt und die Angst im Job zu versagen treffen viele Menschen. Und die zweite gute Nachricht ist, dass wir Resilienz trainieren können. Da es kaum möglich sein wird, die Rahmenbedingungen in Ihrem Unternehmen zu verändern, können Sie nur an sich selbst arbeiten. Sie können Ihr Denken, Ihr Handeln und Ihre Haltung ändern. Das derzeit gängige Resilienzmodell basiert auf sieben Aspekten, den drei Grundhaltungen: Optimismus, Akzeptanz und Lösungsorientierung und den vier Handlungsaspekten: Selbstregulation, Selbstverantwortung, Netzwerkorientierung und der Fähigkeit, die Zukunft zu gestalten.

»Die Verantwortung für alles, was Sie tun oder lassen, liegt bei Ihnen – und sie endet bei Ihnen.«
Reinhard K. Sprenger, deutscher Autor von Managementliteratur

Warum sind manche Menschen resilienter als andere?

Psychologen sagen, dass die Grundlage bereits in der frühen Kindheit gelegt wird. So, wie die Beziehungen im Elternhaus gelebt wurden, so lernte das Kind den Umgang mit sich selbst und seiner Umwelt. Daneben gebe es personelle Resilienzfaktoren, sagt der Psychologe Fröhlich-Gildhoff. Das sind eine angemessene Selbst- und Fremdwahrnehmung, Selbststeuerungsfähigkeiten – also mit aufkommenden Gefühlen umzugehen -, soziale

Kompetenzen, Problemlösungskompetenzen, eine positive Selbstwirksamkeitserwartung – dass man sich also selbst als wirksam erfährt –, und Bewältigungsfähigkeiten: Was kann ich leisten, wo kann ich mir Unterstützung holen?

Kann man resilienter werden?
Zahllose Ratgeber, Seminare und Beratungsangebote lassen hoffen, dass es gelingen kann, die eigene Widerstandskraft zu stärken.

Der Schrecken der Ablehnung

Millionen von Menschen scheitern bei dem Versuch einen Job zu finden, so sehr sie sich auch anstrengen. Je öfter Ihnen das widerfährt, desto mehr geraten Sie vielleicht in einen Zustand, der mit dem Verlust des Selbstwertgefühls einhergeht. Die Überzeugung, dass mit Ihnen etwas nicht stimmt, macht sich breit. Es ist schlimm genug, keine Arbeit zu finden, wenn dann noch das Gefühl der Ablehnung hinzukommt, gerät man schnell in eine Krise. Wie wir gesehen haben, kann es zukünftig häufiger passieren, dass wir uns nach einen neuen Job umschauen müssen und in diese Ablehnungskrise hineingeraten. Aus Erfahrung kann ich Ihnen sagen, je älter Sie werden, desto weniger trifft es Sie, denn Sie haben gemerkt, dass es dabei nicht um Ihre Person und oft nicht mal um Ihre Kompetenzen und Qualifizierungen geht.

Lassen Sie sich also nicht verunsichern, denn erstens passt sowieso nicht jeder zu Ihnen und es wird immer jemanden geben, der Ihre Ideen nicht mag. Sie mögen ja schließlich auch nicht jeden.

Schwer anzunehmen ist eine Ablehnung auf eine Bewerbung, weil Sie keine Begründung mehr bekommen. Absagen sind meist allgemein formuliert und bieten Ihnen als Bewerber keinen Ansatzpunkt für eine Korrektur. Das liegt in den meisten Fällen am Allgemeinen Gleichbehandlungsgesetz

(AGG). Das Gesetz will Diskriminierung aufgrund von Geschlecht, Herkunft und Religion, Behinderung und Alter verhindern. Um sich juristisch nicht angreifbar zu machen, werden konkrete Gründe in den Absagen daher vermieden. Wenn Sie dennoch eine Antwort möchten, scheuen Sie sich nicht und rufen an. Die Möglichkeit, dass Sie einen konkreten Hinweis bekommen, gibt es immer noch.

Eine Hauptursache für Ablehnungen ist, dass sich immer noch viele Bewerber auf wenige Firmen konzentrieren und es dort zu einem Bewerberüberhang kommt. Interne Kriterien werden der Auswahl zugrunde gelegt. Weitere Ursachen können sein, dass die ausgeschriebene Stelle bereits vorbesetzt war, aber eine Ausschreibung rechtlich vorgeschrieben. Ebenso können Stellen während des Auswahlprozesses gestrichen werden.

Sie sehen, es gibt jede Menge Gründe für eine Absage und glauben Sie mir, die wenigsten liegen in Ihrer Person begründet. Wenn Sie in Ihrer Positionierung klar sind und Ihre Unterlagen dies kompetent darstellen, nehmen Sie die Absagen gelassen.

Sieben goldene Regeln für Karrieren mit Knicken

Der Arbeitsmarkt hat sich in den letzten Jahrzehnten verändert und ist weiterhin in Bewegung. Neue Aufgaben, neue Berufe, die unter dem Einfluss der gegenwärtigen Trends entstehen und sich weiter entwickeln. Sowohl die Neuankömmlinge als auch die Erfahrenen, die sich auf dem Arbeitsmarkt tummeln, brauchen heute vor allem eines: Klarheit über die Fragen: »Warum tue ich das, was ich tue?«, »Wer bin ich?«, »Was kann ich?« und »Was will ich?«

Erfolgreich wird derjenige sein, der sich klar positioniert und seine Berufs-vita im Einklang mit sich gestaltet. Die Regeln sollen Ihnen als Richtschnur für Ihr Handeln dienen. Passen Sie sie an Ihre Situation an und schließen Sie Kompromisse nur da, wo es für Sie in Ordnung und zeitweise unum-gänglich ist. Denken Sie immer daran: Das Handeln gegen die eigenen Überzeugungen, Fähigkeiten und die eigene Natur führt selten zu einem erfolgreichen und sinnerfüllten Leben und Arbeiten.

1. Die eigenen Stärken bewusst machen

Das klassische Bewusstmachen der eigenen Stärken ist auch heute noch von großer Bedeutung und verschafft vor allem Klarheit darüber, ob die eigenen Fähigkeiten zum Angebot und zur Arbeitsweise passen. Hierbei kommt es darauf an, nichts zu beschönigen oder wegzulassen – es geht darum, den Tatsachen ins Auge zu blicken. Rufen Sie sich daher Ihren be-ruflichen Werdegang ins Bewusstsein und welche Tätigkeiten Ihnen leicht von der Hand gingen.

Das größte Erfolgspotenzial liegt nun einmal dort, wo unsere Stärken, Ta-lente und besonderen Fähigkeiten liegen.

2. Nutzen für den Arbeitgeber herausstellen

Nur ein Angebot mit einem konkreten Nutzen für den Arbeitgeber lässt sich auch gut vermarkten. Doch das ist es, was zählt. Ein klar formulierbarer Nutzen ist der Ausgangspunkt, von dem aus Sie Ihre Bewerbung gestalten. Der umgekehrte Weg – von der Stellenanzeige zu einem allgemeinen Profil – führt nicht zum Erfolg. Halten Sie daher nicht stur an den Anforderun-gen der Stelle fest, beweisen Sie, dass Sie die Aufgaben erledigen können.

3. Eigene Wünsche kennen und berücksichtigen

Die Einbeziehung der eigenen Wünsche und Vorstellungen bedeutet, den eigenen Lebenslauf nicht dem Zufall zu überlassen. Verschaffen Sie sich deshalb Klarheit darüber.

Welche Vorstellungen haben Sie von Ihrer Arbeit? Zu welchen Zeiten wollen Sie verfügbar sein? Wo möchten Sie arbeiten? Und suchen Sie sich einen Arbeitgeber, bei dem Sie Ihre Wünsche erfüllen lassen.

Wer sich derartige Fragen nie stellt und somit die eigenen Wünsche nicht kennt, wird es schwer haben, die richtigen Entscheidungen zu treffen. Und wer entgegen den eigenen Vorstellungen agiert, geht das Risiko ein, die erforderliche Motivation und Energie zu verlieren.

4. Gehaltsvorstellungen kennen und klar kommunizieren

Wenn ein Arbeitgeber Ihre Forderungen herunter handeln will, würden Sie irgendwann Ihren Arbeitseinsatz reduzieren – dann ist jedoch der Arbeitgeber unzufrieden, weil Sie nicht die Ergebnisse erreichen, die er sich wünscht. Bieten Sie sich selbst für zu wenig Geld an, sind Sie auch unzufrieden. Ein klares Bewusstsein darüber, was welche Folgen hat, hilft Ihnen dabei, Ihre Interessen zu wahren. Informieren Sie sich über branchen- und regionenabhängige Gehälter. Denn ein zu viel oder zu wenig fällt auf Ihre Selbstpräsentation zurück.

5. Die eigene Persönlichkeit leben

Der Arbeitsmarkt entwickelt sich unaufhörlich weiter. Was heute Erfolg versprechend ist, ist es zukünftig vielleicht nicht mehr. Und es ändern sich Ihre persönlichen Lebensumstände. Deshalb gehört es dazu, sich regelmäßig zu fragen, ob Sie beruflich noch auf dem richtigen Weg sind. Versuchen Sie, Ihre persönliche Weiterentwicklung ebenso wie neu erworbenes Knowhow in Ihren Berufsweg zu integrieren.

Lernen Sie, dass nicht alle Facetten der Persönlichkeit im Job ausgelebt werden müssen. Sorgen Sie für innere Klarheit.

6. Werden Sie resilient

Lernen Sie mit Rückschlägen umzugehen. Erfolgreich kann nur sein, wer es schafft, nach Rückschlägen (die kommen so sicher wie Absagen) zu lernen, sich schneller zu sammeln und wieder an eine neue Chance heranzugehen.

7. Entwickeln Sie Aktivität

Verlassen Sie sich nie auf nur eine Jobsuchstrategie, gehen Sie aktiv auf Ihr Netzwerk und den Wuncharbeitgeber zu und überlassen Sie es nicht dem Zufall, ob Ihre Bewerbung aus dem Berg der Eingänge herausgefischt wird.

Zusammenfassung

Die Unplanbarkeit der beruflichen Zukunft wird aus immer mehr Menschen Patchworker machen. Sie erfordert persönliche Stärke, Selbstbewusstsein und den eigenverantwortlichen Umgang mit der Vita. Auch wird er immer wieder überzeugen müssen, sich als Vorreiter beweisen.

Das erfordert einerseits Flexibilität, um sich auf Veränderungen, neue Herausforderungen und Umstände anzupassen, andererseits auch Resilienz, um nicht daran zu zerbrechen. Es erfordert ein lebenslanges Lernen und eine ständige Überprüfung und Ausrichtung der eigenen beruflichen Ziele und Visionen. Anpassungsfähigkeit wird eine akzeptierte und notwendige Eigenschaft.

Patchwork-Karrieren bieten die Chance für ein erfülltes, interessantes und abwechslungsreiches Leben. Setzen Sie die vielen Patches sinnvoll zusammen und gehen Sie erhobenen Hauptes los. Suchen Sie sich Ihren Weg, Ihr Ziel, Ihre Jobs und Arbeitgeber. Es ist und bleibt spannend.

Es gab noch nie so viele Möglichkeiten für eine berufliche Entwicklung, neue Jobs entstehen, der eigenen Entfaltung und der Suche nach einem inspirierenden und erfüllenden Arbeitsleben stehen viele Türen offen. Nutzen Sie diese und gestalten Sie sich Ihr Leben nach Ihren Wünschen.

Schöpfen Sie aus der Fülle.

Ihre Petra Barsch

Danke!

Es ist an der Zeit danke zu sagen. An Sie liebe Leserinnen und Leser, die dieses Buch gekauft und gelesen haben. Ich hoffe, Sie können einige Impulse und Anregungen mitnehmen und umsetzen.

Auch danke ich allen, die mich als Testleser, Kritiker und Lektoren unterstützt haben: Gabriele Trachsel, Gabriele Franzen, Elke Oldenburg, Elke Schindel, Stefanie Dalhoff, Elisabeth Sieger, Tina und Angelika.

Ein besonderer Dank gilt Christian Hoffmann, meinem Verleger, seinem Vertrauen in meine Buchidee und die sehr professionelle Unterstützung. Durch ihn wurde mein Traum vom eigenen Buch wahr. Und ich danke Stéphane Etrillard, durch dessen Ermutigung ich überhaupt mit dem Buchprojekt begonnen habe.

Literaturverzeichnis

Beise, Marc; Hans-Jürgen Jakobs (2012): Die Zukunft der Arbeit. Süddeutsche Zeitung GmbH.

Bloemer, Vera (2005): Patchwork-Karriere. Mit Vielseitigkeit und Strategie zum Berufserfolg. Walhalla Fachverlag.

Bock, Petra (2013): Mindfuck. Knaur Verlag.

Bolles, Richard Nelson (2007): Durchstarten zum Traumjob. Campus Verlag GmbH.

Bosbach, Guido et al. (2015): Arbeitsvisionen 2025. Perspektiven, Gedanken, Impulse und Fragen zur Zukunft unserer Arbeit. Guido Bosbach (BoD).

Bürkle, Hans (2002): Aktive Karrierestrategien. Erfolgsmanagement in eigener Sache. Betriebswirtschaftlicher Verlag Dr. Th. Gabler GmbH.

Dark Horse Innovation (2016): Thank God it's Monday. Econ Verlag.

Diesbrock, Tom (2012): Jetzt mal Butter bei die Fische. Das Selbstcoaching-Programm für Ihre berufliche Neuorientierung. Campus Verlag GmbH.

Fiedler, Maria; dpa; vet (2013): http://www.spiegel.de/karriere/berufsleben/fuehrungskraefte-auf-zeit-nachfrage-nach-interimsmanagern-steigt-a-891333.html, abgerufen am 15. August 2016.

Frank, Elke/Hübschen Thorsten (2015): Out of Office: warum wir die Arbeit neu erfinden müssen. Redline Verlag.

Förster, Anja: Peter Kreuz (2010): Nur Tote bleiben liegen. Entfesseln Sie das lebendige Potenzial in Ihrem Unternehmen. Campus Verlag GmbH.

Glaubitz, Uta (2014): Der Job, der zu mir passt. Das eigene Berufsziel entdecken. Campus Verlag.

Gratton, Lynda (2012): Job Future – Future Jobs. Wie wir von der neuen Arbeitswelt profitieren. Hanser Verlag.

Herrmann, Brigitte (2016): Die Auswahl. Wie eine neue Recruiting-Kultur den Unternehmenserfolg bestimmt. Wiley-VCH Verlag GmbH & Co. KG.

Hesse, Jürgen; Hans Christian Schrader (2012): Bewerbung mit Hanicap. Stark Verlagsgesellschaft.

Hofert, Svenja (2009): Das Karrieremacherbuch. Erfolgreich in der Jobwelt der Zukunft. Eichborn.

Hornung, Markus (2015): Abschied von der Sachlichkeit: Wie Sie mit Emotionen tatsächlich für Bewegung sorgen. BusinessVillage, Seite 54.

Horx, Matthias (2013): Zukunft wagen: Über den klugen Umgang mit dem Unvorhersehbaren. Deutsche Verlags-Anstalt.

Horx, Matthias (2014): Future Fitness. Edel Elements.

Horx, Matthias (2011): Das Megatrend-Prinzip: Wie die Welt von morgen entsteht. Deutsche Verlags-Anstalt.

Indeed Deutschland GmbH (2016): http://www.presseportal.de/pm/110144/3359815, abgerufen am 15. August 2016.

Inlgehart, Ronald (1989): Kultureller Umbruch. Wertewandel in der westlichen Welt. Frankfurt/New York.

Jánsky, Sven Gábor (2013): 2025 – So arbeiten wir in der Zukunft. Goldegg.

Kaduk, Stefan; Dirk Osmetz; Hans A. Wüthrich; Dominik Hammer (2015): Musterbrecher. Die Kunst, das Spiel zu drehen. Murmann Publishers GmbH.

Kay, Rosemarie; Olga Suprinovic (2013): Unternehmensnachfolgen in Deutschland 2014 bis 2018. In: Institut für Mittelstandsforschung Bonn (Hrsg.): Daten und Fakten Nr. 11, Bonn.

Kötter, Robert; Marius Kursawe (2015): Design your Life. Dein ganz persönlicher Workshop für Leben und Traumjob. Campus Verlag GmbH.

Langheinrich, Michael (2016): Willenskraft: Wenn Aufgeben keine Alternative ist. BusinessVillage.

Ley Ulrike; Regina Michalik (2007): Im Zickzack zum Erfolg. Die Kunst der zweiten Karriere. Redline GmbH.

Lindau, Veit (2016): Werde verrückt. Kailash Verlag.

Morgenthaler, Mathias; Marco Zaugg (2014): Aussteigen – umsteigen. Wege zwischen Job und Berufung. Zytglogge Verlag.

Mourlane, Denis (2014): Resilienz. Die unentdeckte Fähigkeit der wirklich Erfolgreichen. BusinessVillage.

Nussbaum, Cordula (2011): Bunte Vögel fliegen höher. Campus Verlag.

Pape, Christian (2010): Traum! Job! Now! Die Geheimnisse erfolgreicher Jobsuche. Wilhelm Heyne Verlag

Riffkin, Jeremy (2005): Das Ende der Arbeit und ihre Zukunft: Neue Konzepte für das 21. Jahrhundert. FISCHER Taschenbuch.

Rosenstiel, Lutz von (1993): Wandel in der Einstellung zur Arbeit – Haben sich die Menschen oder hat sich die Arbeit verändert. Seite 17–27.

Rump, Jutta; Norbert Walter (2013): Arbeitswelt 2030. Trends, Prognosen, Gestaltungsmöglichkeiten. Schäffer-Pöschel-Verlag.

Schön, Wolfram (2014): Erfolgsfaktor Eigenpositionierung. Karriere neu gedacht. Springer Gabler.

Schulz, Benjamin: Edgar K. Geffroy (2016): Erfolg braucht ein Gesicht. Warum ohne Personalbranding nichts mehr geht. Redline Verlag.

Schur, Wolfgang; Günter Weick (2011): Wahnsinnskarriere. Wie Karrieremacher tricksen, was sie opfern und wie sie aufsteigen. Stark Verlagsgesellschaft.

Soremba, Edith-Maria (1995): Legasthenie muss kein Schicksal sein. Herder Verlag.

Sprenger, Reinhard K. (2016): Die Entscheidung liegt bei dir! Wege aus der alltäglichen Unzufriedenheit. Campus Verlag.

Sprenger, Reinhard K. (2015): Das Prinzip Selbstverantwortung: Wege zur Motivation. Campus Verlag.

Wehrle, Martin (2015): Sei Einzig, nicht artig. So sagen Sie nie mehr ja, wenn Sie nein sagen wollen. Wilhelm Goldmann Verlag.

Weise, Vera (2016): www.welt.de/vermischtes/article154895675/Elite-Prof-veroeffentlicht-Lebenslauf-des-Scheiterns.html, abgerufen am 10. August 2016.

Wetzel, Detlef (2016): Arbeit 4.0. Was Beschäftigte und Unternehmen verändern müssen. Verlag Herder.

Westphal, Beate (2014): Das Job-Patchwork-Buch. Campus Verlag.

Wilkens, Katrin 2016: http://www.spiegel.de/karriere/berufsleben/selbststaendig-sein-eigener-chef-aber-selten-selbstbestimmt-a-1085057.html, abgerufen am 10. August 2016.

Zugmann, Johanna (2016): Karriere neu denken. Ende. Wende. Neuanfang. Carl Ueberreuter.

Studien

Monster Worldwide Deutschland GmbH/Centre of Human Recources Information Systems (CHRIS)/Otto-Friedich-Universität Bamberg/Goethe Universität Frankfurt am Main: Bewerbungspraxis 2015 – Eine empirische Studie mit 7.000 Stellensuchenden und Karriereinteressierten im Internet, Bamberg & Frankfurt am Main 2015.

von Rundstedt & Partner GmbH: Talent & Karriere 2025. Düsseldorf 2013 und 2014, http://www.marktplatz-karriere.de/studie, abgerufen am 15. August 2016.

Horx: https://www.zukunftsinstitut.de/dossier/megatrends, abgerufen am 15. August 2016.

Sonstiges:

Vogel, Uli: https://www.profilingvalues.com, abgerufen am 15. August 2016.

Gallup Strength Finder: https://www.gallupstrengthscenter.com, abgerufen am 15. August 2016.

Stärkenkompass: https://www.staerkenkompass.de, abgerufen am 15. August 2016.

Motivier dich selbst

Nicola Fritze
Motivier dich selbst. Sonst macht's keiner!
50 Impulse, um in Schwung zu kommen
208 Seiten; 2016; 14,99 Euro
ISBN 978-3-86980-343-2; Art-Nr.: 994

Unzufrieden im Job, zu wenig Bewegung, Frust oder Dauerstress? Dann verändere dein Leben! Du weißt, es muss sich was ändern. Nur wo fängst du an? Und wie?

Wenn du weiterhin auf den motivierenden Schubser von außen wartest, kannst du lange warten. »Motivier dich selbst. Sonst macht's keiner!« gibt dir fünfzig Impulse, wie du in kleinen Schritten Veränderungen anstößt und Schwung in dein Leben bringst.

Nicola Fritze, Deutschlands erfolgreiche Motivationsexpertin, zeigt dir, wie du das Steuer selbst in die Hand nimmst, Frustration abschüttelst, das ewige Aufschieben beendest und in deinem Leben durchstartest.

Mit diesem Buch richtest du deinen inneren Kompass neu aus und veränderst dein Denken, Wahrnehmen und Handeln. Du wirst innere Blockaden überwinden, dich von schlechten Angewohnheiten trennen, dein Selbstwertgefühl steigern und mit Gelassenheit und Freude der Mensch sein, der du sein willst.

Die Sandwich-Connection

Stefan Fourier
Die Sandwich-Connection
Wie Sie tragfähige Netzwerke aufbauen und
Ihre Souveränität zurückgewinnen

172 Seiten; 2016; 17,99 Euro
ISBN 978-3-86980-343-2; Art-Nr.: 1002

Das Dilemma zwischen Anforderungen und Möglichkeiten ist allgegenwärtig. Häufigsten Ausdruck findet es in der Arbeitswelt als Sandwich-Position zwischen dem Druck von oben und dem Widerstand von unten: Vorgesetzte und Kunden fordern, Mitarbeiter, Kollegen und Kooperationspartner verweigern sich. Dabei glauben wir allzu oft, mit unseren Problemen allein zu sein.

Ein Irrtum. Das muss nicht so bleiben, denn allen anderen ergeht es ähnlich. »Bildet die Sandwich-Connection. Bildet Netzwerke und helft euch gegenseitig!«, ruft Stefan Fourier deshalb in seinem neuen Buch auf. Und er beschreibt, wie man dabei vorgeht, was man dazu benötigt und worauf man achten muss.

»Die Sandwich-Connection« ist eine Anleitung, aus Kontakten tragfähige Netzwerke zu machen. Denn diese kann man für viele Zwecke nutzen: zum Beispiel um sich zu entlasten, Ziele zu erreichen, Geschäfte zu machen oder einfach nur Freude zu erleben. So entstehen Verbindungen, in denen Menschen sich auf Augenhöhe begegnen, sich im Alltag unterstützen und ihr Leben meistern.

Resilienz

Denis Mourlane
Resilienz
Die unentdeckte Fähigkeit der wirklich
Erfolgreichen

226 Seiten; 7. Auflage 2015; 24,80 Euro
ISBN 978-3-86980-249-7; Art-Nr.: 940

Erfolgreiche Menschen haben eine Eigenschaft, die sie von anderen unterscheidet und doch sofort wahrnehmbar ist: Gelassenheit. Sie meistern schwierige Situationen scheinbar mit Leichtigkeit, persönliche Angriffe prallen an ihnen ab und selbst unter hohem Druck büßen sie ihre Leistungsfähigkeit nicht ein.

Was machen diese Menschen anders? Sie beherrschen die Gelassenheit im Umgang mit sich, mit ihren Mitmenschen und mit den Herausforderungen, die das Leben und ihre tägliche Arbeit für sie bereithalten. Eine Eigenschaft, nach der sich immer mehr Menschen sehnen und die in der heutigen Zeit immer bedeutender wird. Resiliente Menschen verbinden diese Fähigkeit mit einer erstaunlichen Zielorientierung, Konsequenz und Disziplin in ihrem Handeln und erreichen dadurch etwas, was sie von vielen anderen unterscheidet: persönlichen Erfolg UND ein sehr großes Wohlbefinden.

In einer der wahrscheinlich spannendsten Reisen, der Reise zu Ihrem eigenen Leben, bringt Ihnen Dr. Denis Mourlane das Konzept der Resilienz näher und zeigt Ihnen, wie Sie es in Ihren Alltag integrieren.

Topfit durchs Assessment-Center

Stefan Fourier
Topfit durchs Assessment-Center
Das neue Standardwerk für Fach- und
Führungsassessments
384 Seiten; 2016; 29,80 Euro
ISBN 978-3-86980-323-4; Art-Nr.: 969

Assessment-Center haben für die Besetzung von Fach- und Führungspositionen in fast allen größeren Unternehmen Einzug gehalten. Doch wer diesen Prüfungsmarathon für sich entscheiden will, sollte aufs Assessment-Center gut vorbereitet sein. Die Assessment-Center-Experten Matthias Clesle und Dr. Martin Emrich stellen in ihrem neuen Buch vor, welche Aufgabenstellungen und -varianten auf Sie warten und zeigen Ihnen, welchen Zweck sie verfolgen und wie Sie die Aufgaben am besten lösen.

Dieses umfassende Trainings- und Nachschlagewerk enthält zahlreiche original AC-Übungen, wie sie heute in fast jedem Assessment-Center zu finden sind. Auf der CD-ROM finden Sie zudem umfassendes Übungsmaterial zu Präsentationen, Gruppendiskussionen, Rollenspielen (Mitarbeiter- und Kundengespräche), Intelligenztests, ... Darüber hinaus vermittelt dieses Buch Insiderwissen, wie Personaler in allen Situationen des Assessment-Centers etwas über die Soft Skills und das Verhalten der Teilnehmer in Erfahrung bringen und mit welchen Strategien Sie sich unabhängig von den jeweiligen Übungen optimal präsentieren.

Die beiden Autoren, die langjährige Erfahrung in der Entwicklung und Durchführung anspruchsvoller Assessment-Center vorweisen können und schon tausende von Kandidaten trainiert haben, bieten mit diesem Buch die optimale Vorbereitung für anspruchsvolle Fach-/Führungsassessments, Management-Audits und Potenzialanalysen.

www.BusinessVillage.de